本书受到云南省教育厅高校学术著作出版基金资助出版

云南高校学术文库
Yunnan Gaoxiao Xueshu Wenku

农业生物多样性构建的原理与技术

高 东 编著

云南大学出版社
Yunnan University Press

图书在版编目（CIP）数据

农业生物多样性构建的原理与技术 / 高东编著. —
昆明：云南大学出版社，2013
（云南高校学术文库）
ISBN 978-7-5482-1596-7

Ⅰ.①农… Ⅱ.①高… Ⅲ.①农业—生物多样性—研
究 Ⅳ.①S18

中国版本图书馆CIP数据核字（2013）第148270号

责任编辑： 柴　伟
责任校对： 何传玉
装帧设计： 刘　雨

云南高校学术文库
Yunnan Gaoxiao Xueshu Wenku

农业生物多样性构建的原理与技术

高　东　编著

出版发行： 云南大学出版社
印　　装： 昆明卓林包装印刷有限公司
开　　本： 787mm×1092mm　1/16
印　　张： 14.25
字　　数： 255千
版　　次： 2013年9月第1版
印　　次： 2013年9月第1次印刷
书　　号： ISBN 978-7-5482-1596-7
定　　价： 38.00元

社　　址： 云南省昆明市翠湖北路2号云南大学英华园内
邮　　编： 650091
电　　话： （0871）65031070　65031071
E－mail： market@ynup.com

前　言

　　农业生物多样性是指与食物及农业生产相关的所有生物的总称。包括高等植物、高等动物、节肢动物、其他大型生物及微生物。农业生态系统属于人工生态系统，是在 300 万年前随着人类出现逐渐形成和发展的，起初是零星地"点缀"在自然生物多样性当中的，得益于自然生物多样性的"庇护"，其中各要素仍能"相生相克"，互惠互利，害虫天敌"安居乐业"。随着人口增长、城市扩张、工业发展进程的加快，自然生物多样性面积急剧减少。为了能保证粮食安全，一方面采取更加先进的农业技术提高产量，另一方面开垦荒地、草地、滩涂地等，导致农业生物多样性减少。同时，片面追求高产，造成种植结构单一化，物种内基因大量丢失。更不幸的是，在漫长的农业生产实践中"单一化"并非作为问题，而是作为一项优胜劣汰的农业增产措施备受推崇。正当人们满足并陶醉于现代农业的高新技术、先进生产方式和高农业生产率，而漠视"单一化"所致的诸多问题和潜伏的隐患之时，世界农业的危机却已悄然而至。化学农药用量直线攀升，农业环境和农产品质量安全问题凸现，生物多样性和生态平衡横遭破坏，病虫草鼠害频发且逐年加重，农业可持续发展受到空前严重的威胁和挑战。以破坏环境为代价的高投入、高产出的"高碳"经济发展方式需要重新加以审视。

　　鉴于"单一化"给农业可持续发展带来的上述种种负面影响，从而使得农业生物多样性的构建显得非常必要和迫切，但多样性布局和种植不应是传统农业品种布局"多、乱、杂"的无序状态和原始的间作、套种或混栽模式的简单回归，它必须是一种适应现代农业发展需要，以现代农业科学理论和高新技术作支撑，作物及其品种适度优化而又顺应自然的更高层面的生态农业模式。

本书第一章导论介绍了农业生态系统模式形成与演替、现状及问题。接着从品种多样性、物种多样性、生态系统多样性和景观多样性四个层次分别论述了农业生物多样性构建的原则、方法及其模式（第二、三、四章）。基于此基础论述了利用农业生物多样性持续控制有害生物的方法与原理（第五章）及其交叉学科基础理论（第六章）。以稻田生态系统为代表简要介绍了稻田生物多样性构建的生态效应（第七章）。第八章介绍了农业生物多样性构建的控病、增产效应。第九章简要介绍了农田景观格局演替与可持续农田景观恢复布局。第十章简要介绍了现代可持续观光农业景观构建。全书以笔者课题组多年研究结果为基础，综合多学科知识，抛砖引玉，可供从事植物病理学、农业生态学和作物栽培学的科研人员、技术人员查阅，也可供高等院校相关专业师生参考。

本书得到了国家重点基础研究计划（"973 计划"）项目"作物多样性对病虫害生态调控和土壤地力的影响"（2011CB100400）的支持。在写作过程中得到了华南农业大学骆世明教授，浙江大学陈欣教授的指点，在此一并表示感谢！

由于本领域发展快，涉及学科多、交叉面广，书中难免存在疏漏之处，望同行专家和读者不吝批评指正。

高　东

2013 年 4 月于昆明

声明：为给读者增加阅读参考，本书采用了一些图片，均已标明出处。敬请图片版权所有者主动与本书作者联系，以便表示感谢并按国家有关规定落实稿酬。联系方式：gaodong5211@126.com。

目　录

第一章 导 论

农业生态系统模式是由生物要素与非生物环境之间相互作用而构成的一个物质实体，它会随时间的变化而发生状态的演替或"位移"，在空间上也会呈现一定的分布格局，那么引起农业生态系统形成与演替的动因是什么？其运行的内在机制是什么？这是农业生态学中值得探讨的重要问题，目前也是一个较为薄弱的研究领域。农业生态系统模式时空分布与演替规律的研究可对农业生态系统的设计与构建、区域模式群的景观生态规划与布局提供重要的理论依据与实践指导（章家恩和骆世明，2001）。

第一节 农业生态系统模式的形成与演替

农业生态系统模式是区域自然环境与社会经济条件共同作用的产物。具体说来，农业生态系统模式受自然环境条件、自然资源状况、经济发展水平与市场条件、科学技术水平、政策体制、社会及文化传统等因素的综合影响（章家恩，1999；冯杰，1992）。一般来说，自然因素自身的变化较为缓慢，它对农业生态系统模式的影响是长期的，较为稳定的，而且是不可避免的。而社会经济因素与科学技术因素自身的变化相对较快，它们对农业生态系统模式的影响是不确定的、深刻的和全方位的。

一、区域自然环境条件的影响

区域自然环境包括气候、地貌、土壤、水文和植被等条件，它们是农业生态系统模式得以维持的外部环境与物质基础，其共同作用于农业生态系统。

气候是影响农业生态系统模式的首要因素之一。首先，气候通过影响农业栽培物种的变异，进而导致农业生态系统生物组分的变异。气候决定着农作物生长、发育及其分布范围，特别是对一些生态幅较小的物种，气候往往是一个重要的限制因子。不同的气候类型区生长着与之相适应的农业生物，从赤道到极地，从沿海到内陆地区存在着各具特色的农作物栽培物种。其次，气候通过影响农作物的生长期，进而影响生态模式的时空结构与种植制度。如在热带亚热带地区，农作物可一年三熟或两年三熟，农业物种多样性较为丰富。而在温带或寒带地区，农作物大多只能一年两熟甚至一年一熟，农业物种多样性相对较单一。另外，气象、气候灾害对农业生态系统模式也会产生显著的影响。

地貌条件是农业生态系统模式发育的载体，它在一定程度上决定着土地利用的方向、农业生产的内容与形式。对于山地而言，垂直高度上的气候差异以及小气候特征对农业物种也有较大的选择性，坡地上的农作物种植通常会出现一定的垂直地带性分布。另一方面，山地的坡度和地质灾害往往给农业生产带来不便，而且农业的不合理利用易导致水土流失、滑坡、泥石流等。因此，复合农林业（Agroforestry）和立体农业多成为坡地持续利用的一类重要的农业生态系统模式，梯田、鱼鳞坑、等高种植等是坡地上重要的农业景观。山坡地适宜种植的农业物种多以林、果、草、药和经济作物为主。对于平地而言，土地适宜性较广，农作物种植多以间作、套种、轮作等精耕细作农业模式为主，农作物多以水稻、小麦、蔬菜等作物为主。对于低洼地，由于需考虑地下水位和盐分的影响，农业利用则多采用高畦深沟系统或基塘系统的农业生态模式。

另外，土壤、水文与植被等也是导致农业生态系统模式产生变异的重要因素。土壤与水分条件直接影响着农作物的生长发育状况和系统生产力，决定着农业生态系统的多样性与稳定性。植被在生态系统中扮演着重要的角色，它具有能量固定、转化、贮存和调节区域环境的功能，是维持生态系统平衡的杠杆。它对农业生态系统起着重要的保护和屏障作用。

二、农业自然资源条件的影响

农业自然资源是农业重要的生产资料和物质基础，它在很大程度上决定着农业发展的方向和内容。农业自然资源一般包括气候资源、土壤资源、水资源、动植物种质资源、森林、草场和渔业资源，以及能源资源（如太阳能、水力、风力、煤、石油等）和非能源矿物资源，这些资源之间不同的地域组合会形成各具特色的农业生态系统模式和优势产业。例如，在滨海地区，是以海洋渔业为主要的农业生态系统模式；而在草原地区，草地畜牧业为其特色的农业生态系统模式。又如在水资源缺乏的地区，雨养农业和节水农业又成为一种重要的农业生态利用模式。

同时，农业自然资源的短缺也会导致土地利用强度与农业生态模式的变化，例如，在土地资源紧缺的地区，土地的垦殖率和复种指数通常较高，农业多以精耕细作模式为主，而在一些人少地多的地区，农业多以粗放经营为主，土地休闲期长，土地利用强度相对较低。另外，一些不可再生资源的耗竭会导致某一地区原有优势农业利用模式的萎缩与消失。

三、经济发展和市场需求的影响

经济和市场是农业发展的两大外部驱动力，它们像两只无形的手制约着农业生产的规模与发展方向。良好的经济与市场环境及优越的经济政策是农业可持续发展必不可少的条件。经济与市场可对农业生产产生一定的推力和拉力作用，即一方面通过资金投入及经济杠杆推动农业生产，另一方面又通过经济宏观调控等各种经济作用，活跃农业市场，促进农产品的流通与消费。在我国，随着市场经济的发育与发展，农业生产模式受经济和市场的影响越来越明显。良好的经济与市场环境可为农业提供充足的资金、物质投入和良好的外部环境，进而可改变农业的内部结构及与之相适应的农业生态系统模式。一般来说，在经济发达地区，农业现代化、产业化和商品化水平较高，"三高"农业模式占优势，而在贫困落后地区，多以传统农业模式为主，农业经济仍处于自给自足的发展阶段。

四、科学技术的影响

"科学技术是第一生产力"，它已成为农业生产力发展中最活跃、最有决定意义的一个因素。回顾人类发展历史，人类每一次科学技术的进步都给农业发展带来了质的飞跃，引起生产力和生产关系的巨大变革。从原始社会的采集狩猎、刀耕火种农业演替到今天的集约化与机械化生产的现代农业模式，科学技术无疑起了至关重要的作用。

进入20世纪90年代，世界农业科技革命发展迅猛，一场以生物技术、基因工程技术、信息技术、计算机技术与遥感技术为代表的高新技术正在向现代农业渗透和扩展，农业这个传统产业正孕育着一次新的技术变革。这次技术革命将全方位地改变现有农业生产方式和农业生态系统模式，良种化、机械化、自动化、电气化、产业化、规模化、工厂化、商品化、信息化将成为未来农业的生产模式。

五、政策与体制的影响

政策与体制对农业生态系统模式的影响是直接的和显著的，它可在短期内引起农业产业结构和生产方式的改变。以我国为例，自农村实行联产承包责任制以来，农民获得了土地经营自主权，经营什么？如何经营？基本上由他们自己决定。这种生产关系和经营目的的改变导致了土地利用方式和农业生态系统模式的多样化。改革以前，以生产队为单位进行生产，同一种作物往往成片种植，而且种植制度比较固定，农业结构较为单一。改革以后，原来单一封闭的"农业—种植业—粮食"的生产模式逐渐被"粮、经、杂—农、林、牧、渔"的大农业生态模式所代替，农业内部渔业、畜牧业和林业的比重增加，种植业的比重下降。在种植业内部，果、茶、瓜、菜类作物和经济作物的比重上升，粮食作物的比重下降。同时，政策的波动和倾斜（如农作物价格体系的变化）必然会刺激某些农业生产门类的大力发展，进而快速改变农业生态系统模式。

六、社会文化与传统风俗的影响

人类社会文化与传统风俗的长期积淀往往会使人们产生一定的思维与行为定式，如风俗习惯、饮食习惯和农业生产习惯，这些因素会长期地、潜移默化地，有时甚至十分强烈地影响到人们对农作物及农业生态系统模式的选择，即所谓的"文化传统的社会遗传机制"在起着作用。例如，在一些民族地区、贫困落后地区甚至在发达地区，目前仍保留着一些传统的农业生产习惯和种植方式，在这些地区，可以发现许多有特色的农业生态系统模式。

第二节 农业生态系统模式形成与演替的几种主要类型

一、封闭型

封闭型模式形成的特点是：资源环境是区域农业生态系统模式形成的主导原因，政策体制与社会文化传统处于次要位置，而经济与技术因素的影响最小。在一些岛屿和偏远山区均可见到一些较为传统而门类齐全的农业生态系统模式，农业生产以传统的种植业和家庭养殖业模式为主，生产力水平较低，农业发展处于自给自足状态。人们对农业生态模式的选择主要依赖于资源状况与环境条件（如气候、地貌条件等）以及长期的生产习惯。

二、传统文化主导型

传统文化主导型模式的特点是：社会传统文化成为农业生态系统模式形成的主导原因，其他因素则处于次要地位。农业生态模式具有文化传统的特色。这种类型多出现在一些少数民族地区。例如，在西南一些地区目前还可见到刀耕火种这种原始的农业生产方式。

三、经济—技术主导型

经济—技术主导型模式的特点是：经济技术是农业生态系统模式发育与演替的主要动因，农业生态模式在很大程度上受市场、经济与技术的控制和牵引，其他因素的影响则处于次要地位。随着经济与技术的不断发展，农业生产多以现代化生产模式为主，如农业产业化模式、设施农业模式、都市农业模式等。这类模式多见于发达地区，一般农业生产力较高，模式类型多样。

四、资源限制型

资源限制型模式的特点是：资源是农业发展的主要限制因素，同时也成为农业生态系统模式形成和发育的主导原因。如绿洲农业生态模式、高原农业生态模式、滨海农业生态模式等都是因受到某一类资源的限制而发展出来的模式。

五、政策诱导型

政策诱导型模式的特点是：政策成为主导影响因素，农业生态系统模式为政策导向型，其他因素则处于次要地位。如大型农业工程项目、商品粮基地的建设等都会引起农业生态模式、农业结构和经营管理体系的巨大改变。我国在"以粮为纲"建设时期和改革开放以后农业生态系统模式全方位的快速转变很好地说明了政策的导向作用。

第三节　农业生态系统模式的空间分布格局

根据以上分析可知，农业生态系统模式受资源环境、经济市场与技术、政策体制、社会文化传统等因素的影响，但不同的地区模式形成的主导机制有所不同。因此模式的空间分布十分复杂，有的呈现出有规律的梯度变化，有的又呈现随机型相间分布。下面就几种主要分布格局加以探讨。

一、梯度分布

农业生态系统模式的结构和功能会随着影响因素的地域空间梯度变异而呈现出相应的梯度分布。影响因素梯度包括自然环境梯度（温度、湿度、垂直、地形）和社会（如人口密度、村落、城乡）（骆世明等，1987）。自然梯度（特别是温度和湿度）通常引起大范围的模式空间变化，控制着农业生态系统模式的基本状态。如在我国，从南到北、从东到西呈现出不同的农业生产类型，表现为强烈的地域性特色。垂直梯度和地形梯度往往会引起农业生态系统模式沿山体高度与坡度垂直分布。自然梯度引起的模式分布多为带状型分布。

人口密度梯度表明在土地资源有限，粮食自给为主的条件下，随着人口的增加而引起土地垦殖指数与复种指数、农作物构成等发生梯度变化。村落梯度表明，在以人、畜力为主的村落附近，由于投入较多的人力和化肥，农业生态系统模式形成了以村落中心向外递减的土壤肥力、集约程度、作物种类和畜禽种类梯度。城乡梯度表明，由于受中心城市需求与市场及经济辐射作用的影响，自城市中心向四周农业生态系统模式呈梯度变化，离城市越近，地方工业和农村副业越发达，以化肥、农药、电力为标志的工业支农能力越强。农业生产经营的品种也会发生较大变化，以蔬菜、瓜果、畜禽、鱼和花卉等生产为主。社会梯度往往会导致一定区域范围内农业生态系统模式的同心圆状或辐射状空间分布格局。

二、随机镶嵌状分布格局

梯度分布多是在受到单因素作用下而表现出的一种规律性变化。而在实际生活中，农业生产受多种因素的叠加作用或干扰，农业生态系统模式往往呈现出随机性镶嵌分布格局。模式的多样性较为丰富，模式的再现性强。另外，区域地形的起伏变化也会导致模式的相间分布，如坡地模式、谷地模式与平地模式的交错镶嵌分布。

三、孤岛状分布格局

农业生态系统模式由于受到某一特定因素的影响而呈孤岛状分布，如在一些岛屿上、某一类矿产资源集中分布区、特殊政策倾斜区及一些少数民族地区，仅出现某一种或某一类有特色的农业分布模式，而在其周围就很难找到该类模式，其再现性差。

四、线带状分布格局

有些农业生态系统模式沿河流、海岸或交通线路而发展，而表现出线条状空间分布。例如，在沿交通线发育的城市带地区，以经济类农产品为主的具有"产—供—销"产业结构的都市农业生产模式为主导形式，并呈现出带状分布。又如，在干旱沙漠地区，由于水分的限制，绿洲农业模式多沿河流分布。

第四节　与时俱进构建农业生态系统新模式

一、破除传统思维束缚

目前，我国农业发展仍然存在着"二不一单"的特点，即产业结构不健全，产业发展方式不科学，生产模式单一化。农业生产主要依赖耕地，与人争地现象比较突出。构建农业生态系统新模式，必须要提升发展理念，创新思维破解这些难题（伍启汉，2011）。

（一）破除农业只求经济效益的观念

要跳出"农业只求经济效益"的惯性思维，树立和强化人与自然和谐相处的大生态理念。构建农业生态系统新模式，不能只把农业生产视作一个经济活动，不能为追求农业效益而破坏生态，而是要建设生产、生活、生态于一体的环境优美的多功能农业，实现农业与生态相互促进、相互发展。对农业生态环境进行科学规划，禁止盲目开垦耕地，最大限度减少施用化肥、农药，大力推广种养复合生态技术、生物共生技术、立体栽培等一大批立体化种养模式，发展健康、绿色农产品，以生态农业促进乡村休闲观光农业，实现经济效益、社会效益和生态效益相统一（伍启汉，2011）。

（二）破除农业就是农民生产的观念

要跳出"农业就是农民生产"的惯性思维，树立和强化农、工、科、贸统筹运作的大农业理念。现代农业是以高素质的农民和企业为经营主体的集约型产业，而农业产业化龙头企业是现代农业的关键。构建农业生态系统新模式，不仅要发动农民，更要充分利用农业企业的经营理念、科学技术和充裕资金，全面发展农、林、牧、渔业各个行业以及农产品加工业，进一步发挥农业的食用营养、工业原料、就业增收、生态保障、旅游观光、文化传承等多种功能。强化农业与第二、三产业的联系，延伸农业产业链条（伍启汉，2011）。

（三）破除农业必须依赖耕地的观念

要跳出"农业必须依赖耕地"的惯性思维，树立和强化农业资源循环利用的大资源理念。构建农业生态系统新模式，不能局限于耕地资源，更要运用先进科学技术，合理有效地利用好耕地、林地、草原、淡水、海洋、生物、光热等各种资源（伍启汉，2011）。

二、构建农业生产组织新形式

构建农业生态系统新模式，要站在农村社会经济大局通盘考虑，探索建立农业生产组织新形式。开展农村改革发展试验区建设，目的就是创新农业农村发展体制机制，建立农业生产组织新形式，有效促进农业增效、农民持续增收、农村和谐发展。

目前，我国实行家庭联产承包责任制，农业生产主要是以单家独户小规模生产经营为主的组织形式。为有效解决目前农户的生产经营规模小、产品质量难保证、市场经济效益低等问题，我认为，必须探索建立现代家庭农场组织新形式。现代家庭农场指在家庭联产承包责任制保持不变的前提下，以农户家庭为基本组织单位，面向市场，以利润最大化为目标，从事适度规模的农、林、牧、渔的生产、加工和销售，实行自主经营、自我积累、自我发展、自负盈亏和科学管理的法人化经济实体，通过吸纳社会资金、技术和人才，实现农业生产组织化与规模化发展。这种组织形式既可促进农村土地通过转包、出租、转让、股份合作等形式流转到现代家庭农场，推进农村土地流转，实现土地规模经营，能够较好地解决当前土地流转难的问题，又能补充、完善家庭联产承包责任制，有效推进农业产业化经营，并促使传统农民转型升级成为法人农民。美国、法国等发达国家的农业发展的成功经验表明，发展现代家庭农场是推进现代农业发展的重要组织形式。

加快推进农业产业化经营，完善农户利益联结机制。发展现代农业，最根本的目的就是要促进农民增收致富，实现农村和谐稳定，而推进农业产业化经营，建立完善农户的利益联结机制，有利于促进现代农业的发展（伍启汉，2011）。

本书简要论述了农业生物多样性构建的原则、方法及其模式；侧重对利用农业生物多样性持续控制有害生物的方法与原理及其交叉学科基础理论，农业生物多样性构建的控病、增产效应进行详细介绍。选取典型农业生态系统，以稻田生态系统为代表简要介绍了稻田生物多样性构建的生态效应。景观多样性创建中介绍了农田景观格局演替与可持续农田景观恢复布局，选取典型侧重介绍了现代可持续观光农业景观构建。

参考文献

［1］章家恩. 农业可持续发展的六大支持系统［J］. 农业现代化研究，1999，20（1）：21 – 24.

［2］冯杰. 中国农业高效益模式大全［M］. 北京：农业出版社，1992：1 – 230.

［3］骆世明，等. 农业生态学［M］. 长沙：湖南科学技术出版社，1987：246 – 256.

［4］章家恩，骆世明. 农业生态系统模式的形成演替及其空间分布格局探讨［J］. 生态学杂志，2001，20（1）：48 – 51.

［5］伍启汉. 转变发展方式　建设现代农业——读《现代农业发展战略研究》有感［EB/OL］.［2011 – 08 – 02］. http：//www. yfagri. gov. cn/zwdt/201108/t201108 02_ 185196. htm.

第二章 农业生物多样性构建的原则

第一节 品种多样性构建的原则

不同作物品种搭配控制病害种植模式的构建原则不尽相同，这里仅以云南农业大学多年研究制定的一套利用水稻品种多样性控制稻瘟病的构建原则加以简要说明，其中主要包括品种组合的合理搭配、种植模式的优化、适时育苗及田间的科学管理等原则（朱有勇，2007）。

一、品种选择原则

合理的品种搭配是利用水稻遗传多样性控制稻瘟病技术成功的关键，这需要综合考虑水稻品种的抗性遗传背景、农艺性状、经济性状、栽培条件以及农户种植习惯等。在抗性遗传背景的选择方面，主要是集中在遗传背景差异较大的杂交稻和糯稻间作上，品种间抗性遗传背景（RGA 技术分析）的选配标准参数为遗传相似性小于 75%；农艺性状方面，对杂交稻一般是选择品质优，丰产性好，抗性强，生育期中熟或中熟偏迟的品种，对糯稻品种则突出"一高一短"的特点，即选用比杂交稻高 15～20cm，生育期短 7～10 天，分蘖力强，抗倒伏、单株产量高的品种；经济性状的选配原则是高产品种和优质品种的搭配，同时满足企业和农民对优质和高产的需求，充分体现经济效益互补，提高农民多样性种植的积极性；在实施中，根据各地的肥水条件、土壤地力、海拔高度等栽培条件选择本地糯稻与高产杂交稻品种的搭配，同时根据本地农户的种植习惯，选用农民喜爱的品种进行搭配组合。

二、品种搭配原则

目前云南省选配的品种组合主要有两类，一类是以高产、矮秆杂交籼稻为主栽品种，以高秆、优质本地传统品种作为间栽品种，另一类是以高产、矮秆的粳稻品种为主栽品种，以高秆、优质本地传统品种作为间栽品种。

云南省 1998 年至 2003 年选用了 94 个传统品种与 20 个现代品种，形成 173 个品种组合进行推广。四川省 2002 年和 2003 年选择了 23 个传统品种与 38 个杂交稻品种，形成了 112 个品种组合进行推广。这些推广都充分考虑了品种搭配原则，如 1998 年云南省选用了黄壳糯和紫糯两个传统品种，与汕优 63 和汕优 22 两个现代品种，形成 4 个品种组合进行示范推广；1999 年选用了黄壳糯、白壳糯、紫糯和紫谷 4 个传统品科，与汕优 63、汕优 22 和岗优三个现代品种，形成 8 个品种组合进行示范推广；2002—2003 年四川省选择了沱江糯 1 号、竹丫谷、宜糯 931、高秆大洒谷、辐优 101、黄壳糯等糯稻品种与 II 优 7 号、D 优 527、宜香优 1577、岗优 3551、川香优 2 号、II 优 838 等杂交稻品种进行搭配组合。

三、播期调整原则

水稻同期收获是农民特别关心的问题，特别是在机械化作业中。为了使不同品种成熟期一致，有利于田间收割，按主栽品种和间栽品种的不同生育期调节播种日期，实行分段育秧。根据品种生育期的长短确定播种时间，早熟的品种迟播，迟熟的品种早播，做到同一田块中不同品种能够同时成熟和同期收获。一般间栽的地方高秆、优质传统品种比主栽的现代高产、矮秆杂交稻提前 10 天左右播种，达到同时移栽和同时成熟。若选配的主栽品种和间栽品种生育期基本一致，则可同时播种。

四、栽培管理原则

云南稻区单一品种的传统移栽方式为双行宽窄条栽方式，俗称"双龙出海"，即每两行秧苗为一组，行间距为 15cm，株距 15cm，组与组之间的距离为 30cm。在田间形成了 15cm × 15cm × 30cm × 15cm × 15cm × 30cm 的宽窄条栽规格。水稻品种多样性优化种植的方式是在单一品种传统栽培的方式上，每隔 4 ~ 6 行秧苗（2 ~ 3 组）的宽行中间多增加一行传统优质稻。矮秆高产品种（杂交稻）单苗栽插，株距为 15cm，高秆优质传统品种丛栽，每丛 4～5 苗，丛距为 30cm。移栽时，不同的品种可同时移栽，也可在主栽品种移栽后 1～3 天，补套间栽品种。田间肥水管理按常规高产措施进行，认真做好病虫监测，叶瘟不使用农药，穗瘟必要时用三环唑防治一次。

第二节　物种多样性构建的原则

一、生态适应性原则

各种作物或品种均要求相应的生活环境。在复合群体中，作物间的相互关系极为复杂，为了发挥物种多样性控制病害种植模式复合群体内作物的互补作用，缓和其竞争矛盾，需要根据生态适应性来选择作物及其品种。生态适应性是生物对环境条件的适应能力，这是由生物的遗传性所决定的。如果生物对环境条件不能适应，它就不能生存下去。一个地区的环境条件是客观存在的，有些虽然可以人为地进行适当改造，但是，比较稳定的大范围的自然条件是不易改变的。因此，选择物种多样性控制病害种植模式的作物及其品种，首先要求它们对大范围的环境条件的适应性在共处期间大体相同，特别是生态类型区相差甚远而又对气候条件要求很严格的作物更是如此。东北的亚麻与南方的甘蔗，天南地北，对光热的适应性差异较大，不能种在一起。水浮莲、水花生和绿萍等离不开水的水生作物与芝麻和甘薯等怕淹忌涝的旱生作物，喜恶不一，对水分的适应性大不相同，也不能生长在一起。其他如对土壤质地要求不同的花生、沙打旺与旱稻，也不能构建物种多样性控制病害种植模式。而且，不同的作物，虽然有生长在一起的可能，但不一定就适合物种多样性控制病害种植模式。因为生态位不同的物种可以共存于同一生态系统内，但在生态位相似的各个种之间存在着激烈的竞争。根据生态位完全相同的物种不能共存于一个生态系统内的高斯原理或竞争排除原理，合理地选择不同生态位的作物或人为提供不同生态位条件，是取得物种多样性控制病害种植模式全面增产的重要依据。也就是说，在生态适应性大同的前提下，还要生态适应性小异。譬如小麦与豌豆对于氮素，玉米与甘薯对于磷、钾肥，棉花与生姜对于光照以及玉米与麦冬等草药对于温湿度，在需要的程度上都不相同，它们种在一起趋利避害，各取所需，能够较充分地利用生态条件（卫丽等，2004）。

二、特征特性对应互补原则

特征特性对应互补原则是说所选择作物的形态特征和生育特性要相互适应，以有利于互补地利用环境。例如，植株高度要高低搭配，株型要紧凑与松散对应，叶子要大小尖圆互补，根系要深浅疏密结合，生长期要长短前后交错，农民群众形象地总结为"一高一矮，一胖一瘦，一圆一尖，一深一浅，一长一短，一早一晚"。物种多样性控制病害种植模式作物的特征特性对应，即生态位不同，它们才能充分利用空间和时间，利用光、热、水、肥、气等生态因素，增加生物产量和经济产量。植株的高矮搭配，使群体结构由单层变为多层，高位作物增加侧面受光，可更充分地利用自然资源。并且在带状间套作田间，高矮秆作物相间形成的"走廊"，便于空气流通交换，调节田间温度和湿度。株型和叶子在空间的对应，主要是增加群体密度和叶面积。叶子大小和形状互补的应用，在混作和隔行间作的意义更大。根系深浅和疏密的结合，使土壤单位体积内的根量增多，提高作物对土壤水分和养料的吸收能力，促进生物产量增加，并且作物收获后，遗留给土壤较多的有机物质，改善土壤结构、理化性能和营养状况，对于作物的持续增产也有好处。根据江西省农业科学院提供的材料，大麦、小麦与豆类混作，根量分别增加 7.72% 和 34.7%。作物生长期的长短前后交错，不管是生长期靠前的和靠后的套作搭配，或是生长期长的和短的间作起来，都能充分利用时间，在一年时间里增加作物产量。小麦套种夏玉米或者夏棉，比麦后直播多利用 20 天左右的时间。马铃薯或洋葱、绿豆，早种早熟，春棉或春玉米晚种晚收，它们间套起来，增收一季作物，也不太影响棉花和玉米中后期生长。

在品种选择上要注意互相适应、互相照顾，以进一步加强组配作物生态位的有利差异。间（混）作时，矮位作物光照条件差，发育延迟，要选择耐阴性强，适当早熟的品种。如玉米和大豆间、混作，大豆宜选用分枝少或不分枝的亚有限结荚习性的较早熟品种，与玉米的高度差要适宜。玉米要选择株型紧凑，不太高，叶片较窄、短，叶倾斜角大，最好果穗以上的叶片分布较稀疏、抗倒伏的品种。这样，有利于加强通风透光条件的改善，能够进一步削弱高矮作物之间对光和 CO_2 的竞争。

套作时两种作物既有共同生长的时期，又有单独生长的阶段，因此在品种选择上与间、混作有相同的地方，也有不同之处，一方面要考虑尽量减少上茬同下茬之间的矛盾，另一方面还要尽可能发挥套种作物的增产作用，不影响其正常播种。为减少上茬作物对套种作物的遮阴程度和遮阴时间，有利于套种作物早播和正常生长，对上茬作物品种的要求与间作中对高秆作物的要求相同。如麦田套种，小麦应选用株矮，抗倒伏，叶片较窄短，较直立的早（中）熟品种。从麦田套种的下茬作物品种看，一般采用中熟或中晚熟的品种。在生产实践中，还要因地制宜，灵活运用。例如在肥力较低的土壤上小麦生长不良，套种可以提前，可将中熟品种改为晚熟的品种等。

在间、套种一年多作多熟情况下，品种的选择更要瞻前顾后，统筹兼顾。如小麦套种玉米，玉米可选用中熟，甚至晚熟品种，但在麦收后，又要在玉米行间间作或套作蔬菜时，则要根据蔬菜与玉米是间作还是套作，间作的蔬菜耐遮阴程度如何等情况，最后决定玉米种是早熟的好还是晚熟的好。混作时，复合群体中的作物，一般应选择成熟期一致的丰产品种（卫丽等，2004）。

三、单、双子叶作物结合原则

如玉米、高粱、麦类与黄豆、花生、棉花、薯类等进行搭配，这样既可用地养地，又能因其根系深浅不一致而充分利用土壤各层次的各种营养物质，不会因某一元素奇缺造成生理病害的发生，同时还可提高单位面积的整体效益（卫丽等，2004）。

四、习性互补原则

大田作物中有的作物喜光性强（如棉花、麦类、水稻），而有的作物喜欢阴凉（如生姜、毛芋）；有的作物耐旱怕湿（如芝麻、棉花），有的作物又喜欢湿润的环境（如水稻、豆科、叶菜类），所以，应根据它们各自的特点特性，进行有意识的定向和针对性的集约栽培，这样就可达到各自的适应与满足，从而获得比单一种植更高产量和单位面积的总效益（卫丽等，2004）。

五、生育期长、短互补原则

把主作物生育期长一点和副作物生育期短一点的作物进行搭配种植，这样互相影响小，能充分利用当地的有效无霜期而达到全年的高产丰收（卫丽等，2004）。

六、趋利避害原则

在考虑根系分泌物时，要根据相关效应或异株克生原理，趋利避害。已查明，小麦与豌豆、马铃薯与大麦、大蒜与棉花之间的化学作用是无害（或有利）的，因此，这些作物可以搭配。相反，黑麦与小麦、大麻与大豆、荞麦与玉米间则存在不利影响，它们不能搭配在一起种植（卫丽等，2004）。

七、病原不重叠原则

物种多样性控制病害种植模式的构建中，所选取的作物间应尽量重叠病原少，甚至没有重叠病原，这样就有助于防止或减少其各自病害的发生、发展和流行。

八、经济效益高于单作原则

选择的作物是否合适，在增产的情况下，也得看其经济效益比单作高还是低。一般来说，经济效益高的组合才能在生产中大面积应用和推广。如我国当前种植面积较大的玉米间作大豆、麦棉套作和粮菜间作等。如果某种作物组合的经济效益较低，甚至还不如单作高，其面积就会逐渐减少，而被单作所代替。如保加利亚豌豆或糙豇豆与棉花间作完全符合"大同小异"和"对应互补"的原则，在华北曾实行过一段时间，然而因产量低，产值不高，现在已不多见。大麦与扁豆混作，玉米与小豆混作，也是同样原因，现在也很少了。相反，有些作物间、混、套作起来，生长不好。但是，它们有较好的效益，人们也要求采取补救的措施安排种植。如麦棉套作应用育苗移栽和地膜覆盖，水旱间作实行高低畦整地等。这就是栽培植物群体和自然群落不同之处。自然植物群落，只有在生态条件适合的情况下，方可生存下去。如果有些植物不能适应生态条件的变化，它就会被自然淘汰，发生群落的演替。而栽培植物群体，要满足人们的需要，其存在和演替受人的支配（卫丽等，2004）。

以上八大原则，前七条属于自然规律，是基本的；后一条属于经济规律，往往是带有决定性的。在实际应用时，必须把它们看成一个整体全面考虑，综合运用。

第三节　生态系统多样性构建的原则

农业生态系统多样性模式是农业生态学研究的重要内容。是在生态学原理的指导下，应用生态系统方法，不断优化农业生态结构，完善农业系统功能，使发展生产与合理高效利用资源相结合，追求经济效益与保护生态环境相结合的整体协调、持续发展、良性循环的农业生产体系。一个成功的农业生态系统模式，可以为区域农业的开发指明发展方向和途径，提供一种可供模仿与借鉴的成功经验（刘玉振，2007）。

生态系统多样性控制病害种植模式的构建是以动物养殖、植物种植、产品加工为核心，运用先进科技紧贴市场需求，围绕生态环保，将农、林、牧、副、渔等范畴中各层次、各环节，在产前精心统筹规划，产中科学指导，产后产品规模销售等活动有机融合在一起而形成的超大农业产业化的营销系统。

复合农业生态系统是由一定农业地域内相互作用的生物因素和社会、经济和自然环境等非生物因素构成的功能整体，人类生产活动干预下形成的人工生态系统。根据自然生态系统的运行规律，通过政策调控，扶持和发展符合人类需要的动物和植物，并积极开发防治虫害、病菌、杂草等技术，使农业生态在一个充满生机和活力的动态系统中实现可持续发展。因此，它具有很强的社会性，受社会经济条件、社会制度、经济体制及科学技术发展水平等因素的影响，并为人类社会提供大量生产和生活资料。在结构上，复合农业生态系统是由农业环境因素、生产者、消费者、分解者四大部分构成，各组成部分间通过物质循环和能量转化而密切联系，相互作用、相互依存、互为条件。这种动态结构在社会因素的干预下加入了选择和筛选及综合培植，相对于自然生态系统来说具有明显的高产性，能发挥更大的作用。复合生态农业系统典型的社会性和人为性使它呈现出较强的波动性。只有符合人类经济发展要求的生物学性状，诸如高产性、优质性等被保留和发展，并只能在特定的环境条件和管理措施下才能得到表现。一旦环境条件发生剧烈变化，或管理措施不能及时得到满足，它们的生长发育就会受到影响，导致产量和品质下降。基于我国目前的农业状况，在培育和发展复合生态农业系统时必须严格遵循农业系统的生态可持续性，积极探索农业循环经济的新途径。这就要求在农业现代化生产中认真贯彻科学发展观的基本原则，把农业发展放在整个社会和谐发展的大框架中，关注农业与社会其他领域的契合与贯通，让复合农业生态系统为和谐社会的构建发挥更大的基础性作用。辽宁省推广的"四位一体"农村能源生态模式就是实施复合农业生态系统的典型。"四位一体"农村能源生态模式以庭院为基础，以太阳能为动力，把沼气技术、种植技术和养殖技术有机结合起来，沼气池、猪舍、厕所、日光温室四者相辅相成、相得益彰，形成一个高效、节能的生态系统。其结构大体是：一个日光温室内由一堵内墙隔成两个部分，一部分建猪舍和厕所，另一部分用于作物栽培，且内墙上有两个换气孔，使动物释放出的二氧化碳气体和作物（蔬菜）光合作用释放的氧气互换。而一个位于地下的圆柱体的沼气池起着联结养殖与种植、生产与生活用能的纽带作用。当猪舍和厕所排放的粪便进入沼气池后，借助温室气温较高的有利条件，池内开始进行厌氧发酵，便产生出以甲烷为主要成分的沼气。沼气可用于生活（照明、炊事）和生产。发酵后沼气池内的沼液和沼渣是农作物栽培的优质有机肥。这样，"四位一体"农村能源生态模式实现了产气与积肥同步、种植与养殖并举的环保型生产机制，将畜禽舍、厕所、沼气池、日光温室融为一体，使栽培技术、高效饲养技术、厌氧发酵技术、太阳能高效利用技术在日光温室内实现有机结合，实现了低能耗、高产出。此外，全国各省都不同程度地展开了适合自身资源特点的农业生态系统模式的培育工作，取得了良好的收效。

由于区域资源与环境条件的千差万别，社会经济发展水平也各不相同，农业生态模式也必然具有多样性和复杂性。但不管怎样，农业生态模式构建必须遵循一些基本的标准和要求（章家恩和骆世明，2000；崔兆杰等，2006）。一般来说，农业生态系统模式构建必须遵循以下主要原则（刘玉振，2007）。

一、区域适宜性原则

农业生态系统模式是区域环境的一个有机统一体。任何一种模式总是与一定的区域环境背景、资源条件和社会经济状况相联系的。不同地区的气候类型多样，自然条件迥异，社会经济基础和人文背景也存在差异，在模式选择上应注意因地制宜。因此，所构建的生态农业模式应当能够适应当地自然、社会、经济条件的变化，克服影响其发展的障碍因素，并具有一定的自我调控功能，可以充分利用当地资源，发挥最佳生产效率。任何脱离实际的农业生态模式，都是没有生命力的。区域适宜性原则要求我们在进行农业生态系统模式构建过程中，要尽量做到按照本地域资源环境的特殊性、社会经济条件的可能性、生产技术的可行性，分清主次，寻求达到资源优化配置的农业生态模式和具体实施途径（章家恩和骆世明，2000）。对于现有的较差生态农业模式，一方面要改变其结构使之与环境相适应，另一方面，要改善和恢复环境条件，使之有利于生产模式的实施。另外，在学习和引进其他地区的模式时，不能盲目地照抄照搬，而要在试验的基础上不断消化吸收，并进行适当改进，以获取适应本地区的优化模式。如在生态脆弱、危急区，应以生态系统恢复重建为重点，以生态效益为主导发展农业；而在生态适宜区，应以经济效益为主发展农业生产，兼顾生态环境建设。

从时间序列上说，要求在农业生态系统模式开发过程中从资源环境条件、社会经济与市场三维角度出发，审视自己的资源优势和条件，确定应遵循的开发类型模式，制定相应的开发战略。可以开发的及时开发，目前不可开发的等待时机成熟时再开发，在开发过程中要把握好产业项目的开发时序，不要一哄而上。

二、整体性与实用性原则

整体性原则是要求在构建模式时，应以大农业最优化为目的，立足系统整体性，重视系统内外各组分相互联系和相互作用，保持生态农业系统内部生产—经济—技术—生态各子系统之间的动态协调，使各子系统合理组配，有序发展（崔兆杰等，2006）。

实用性原则是易被忽视却十分重要的基本原则。我国由发展传统农业、"石油农业"转而发展生态农业，无论是思想认识，还是具体做法，都需要一个转变过程。有些人在进行模式构建时，奉行本本主义，从理论到理论，脱离实际、脱离实践（章家恩和骆世明，2000）。由于过分考虑物质和能量的充分利用，使得模式过于复杂的倾向较为普遍。虽然有些构建出来的模式从理论上讲，结构优化，功能精巧，生态上好像是合理的，但是往往忽视了农业生产的主体——农民自身的文化知识水平、风俗习惯（特别是饮食习惯、种植习惯、宗教信仰等）以及人力、物力、财力等因素的限制，结果构建出来的模式很难被农民接受，也很难具体实施，因可操作性差，结果被农民淘汰。

在生态农业模式构建中，要注意模式内部的循环层次，随着循环层次的增加，其所截取的能量将与投入的辅助能相抵或呈负效应。因此，在模式构建时，一般应从综合效益的角度决定循环层次的多少。不仅要考虑到模式对自然—社会—经济条件的适应性，而且还要考虑到模式对人（农民群体）的适宜性。也就是说，一定要从实际出发，构建出既切合实际，又适合农民的简便、实用、先进、成熟的农业生态系统模式。

三、市场与循环经济导向原则

市场与经济是引导农业发展的两大动力。效益最大化不仅充分体现了局部与整体、现在与未来、效益与效率、生存与发展、自然与社会以及政府、企业、个人行为间复杂的生态冲突关系，而且对于协调人、自然、社会之间的关系有着很重要的作用。从经济学意义上说，作为"理性人"的农民和地方政府，总是以追求经济利益最大化为目的，因而肯于承担用于技术投入的成本，所以必须以市场需求为导向，适时确立农业发展模式。脱离经济发展与市场需求的农业生态系统模式是没有活力、没有前途的模式。因为，农产品只有通过市场交换，才能实现其价值，才能获得经济效益。然而市场变化具有很大的不确定性和风险性，所以在进行模式构建时，必须遵循市场经济规律，加强市场预测，在品种选择、资源配置上尽量以市场为导向，建立以短养长、长短结合、优势互补的多样化农业生态系统模式。同时要求以循环经济建设为导向，把清洁生产、资源综合利用、可再生能源开发、生态设计和生态消费等融为一体进行模式构建，要求构建出的模式要有一定的弹性和应变性，切忌模式的单一化。

四、可持续性原则

可持续性原则是模式构建中的一个基本原则。可持续性原则要求人类发展必须实现生态效益、经济效益和社会效益三者完美的统一。也就是说，在追求经济效益和社会效益的同时，必须保护环境，增大环境容量，而且要保持适宜的经济发展速度，以保证人类向自然获取的物质与能量的总量不超过资源与环境的承载能力，对资源损耗速度不超过资源的更新速度，人类的干扰强度不能超过环境的自我维持与恢复能力。农业经营方式是导致其生态环境恶化的诱发原因，而恶化的生态环境反过来又会制约农业的持续发展。以农业为主进行开发的区域，如果农业效益不能提高，那么实现农民增收，农村富裕和农民经济实力增强等都将是一句空话。因此，在选择农业生产模式时，应把农业发展的目标确定为追求生态效益、经济效益和社会效益的综合效益，以提高农业生态效益为前提，以达到农业发展与生态环境改善为目标。依据生态学、经济学和系统科学原理，通过协调和区域农业相关的资源、环境和社会、经济等不同子系统之间的关系，促进各子系统之间物质、能量的良性循环，并把生物工程措施与农艺措施结合起来，多方并用，配套实施，以实现系统功能最大化。只有这样，才能实现农业的可持续发展。因此，在农业生态系统模式构建过程中也必须遵循可持续性原则。

五、科学性原则

科学性原则是模式构建的基本要求。农业生态系统模式不是简单的组装与拼凑，也不是对现有模式的修修补补，而是建立在科学基础之上的。一个优化的农业生态系统模式必须遵循系统学原则、生态学原则、环境学原则、经济学原则以及理论联系实际原则。模式的科学构建要求对研究对象进行深入细致的调查研究与试验工作，以获取准确的基础数据与技术参数，采用定性与定量相结合的方法对模式的各个环节进行系统模拟、正确分析、综合评价与规划选优。理想的农业景观生态系统既可满足人类的基本需求，又应维持环境的持续稳定性（动态），即实现人类生态整体性并长期维持这种人地和谐关系。这才是区域农业持续性的最终目标。农业景观生态系统的具体目标同样可归结为生态、经济和社会三个方面，主要包括：农民有适当的经济收入、自然资源的永续利用、最小的环境负效冲击、较小的非农产品投入、人类对食物和其他产出需求的满足、理想的农村社会环境等。按景观生态学原理，要达到上述目标不仅需要配置合理的景观结构，还要畅通完善的物能循环。合理的景观结构要具备多样性、异质性及与自然基底匹配等特点，而畅通完善的物能循环主要体现在景观单元间的相互关联方面。

六、循环利用原则

生态农业本身是包含着农、林、牧、渔和农产品加工业的综合性大农业。要提高资源的利用效益就必须对自然资源进行综合的利用。传统农业之所以效益低下，关键就在于没有对自然资源进行综合利用。因此，在农业生态系统的建设中，必须依据当地的资源和经济条件，调整生产结构，把农、林、牧、副、渔等各子部门依据生态系统物质循环的原理巧妙地联系起来，使某一部门所产生的副产品和废弃物能为另一部门有效地利用，从而尽可能地减少废物的排放，最大限度地提高光合作用的利用效率。此外在进行生态农业建设时，还要注意区域农业生态系统的稳定性和规模适度原则。生态农业本身是包含着农、林、牧、渔和农产品加工业的综合性大农业，因此生态农业模式的构建应在增加产出的同时注意保护资源的再生能力，将资源开发、利用和保护相结合，提倡保护性开发。重视农业生态、经济组分的多样性，力求系统生产能力最大，系统结构最稳定。一般所构建模式的规模不宜太大，规模适度，可以使土地获得较高的利用率。

第四节　农业景观多样性构建的原则

农业景观规划是指运用景观生态原理，结合考虑地域或地段综合生态特点以及具体目标要求，构建空间结构和谐、生态稳定和社会经济效益理想的区域农业景观系统（王仰麟和韩荡，2000）。它以景观单元空间结构调整和重建为基本手段，提高农业景观生态系统的总体生产力和稳定性，构建生产高效、生态稳定和社会经济效益理想的区域农业景观系统（肖笃宁，1999）。景观空间结构是景观中生态流的重要决定因素，格局通过影响过程而对系统各类功能产生较大影响。对持续农业景观而言，其功能显然对应持续农业的四大功能，即生物生产、经济发展、生态平衡和社会持续（王仰麟和韩荡，2000）。经济产出是农业生态经济系统的主导功能，要求整个农业景观具有较高的生产率以及容纳更大物质和能量流动的结构，因而需要在自然景观基础上有机融入人工调控生态因子；生态平衡功能则要求农业景观具备较好的稳定性、较高的物质和能量利用效率、较少的废弃物和多余能量排放，对人类环境具有正面生态贡献；社会持续功能要求农业景观能综合考虑社会习惯、人口就业、景观美学和户外教育价值等。针对上述功能目标，结合对生态农业景观特征的考察研究，提出景观多样性控制病害种植模式构建的六条原则（宁仁松，2011）。

一、景观异质性原则

普通农业景观空间格局往往高度人工化，系统生态流简单而开放，自稳定性功能相当薄弱，很难持续稳定地完成控制病害的功能，因而农业景观生态规划必然要求增加农业系统中物种、生态系统和景观等各层次多样性及空间异质性。异质性高的景观格局虽可提高农业生态系统稳定性和持续性，但景观格局过分复杂会大大降低人工管理效率，且其产出往往不能达到令人满意的程度，因而农业景观生态规划追求的是适度空间复杂性，经济产出和生态稳定性最优，即在系统稳定性和生产力之间取得平衡。从物种组成而言，增加作物种类差异，特别是增加永久性植被覆盖（如牧场、草地、薪炭林等），可为增加整个系统稳定性提供更好的缓冲能力。从斑块面积和形状而言，主要作物类型机械化耕作规模效益已被证明只在小于 $5hm^2$ 的农田中是递增的（肖笃宁，1991）。且适宜的地块形状（长而窄）可用来减少机械转弯次数，比以减少农田边界为代价增加面积更为重要，同时狭长地块产投比较高，有利于提高机械效率、益虫扩散和减少水土养分流失。边界作为农田生物扩散的运动廊道连接嵌块体栖息地，提高个体扩散和稳定群体，保护农田中下降种群，对增加农田生物多样性极为重要（宇振荣和胡敦孝，1998）。许多害虫天敌如节肢动物益虫有赖于农田边界作为生境和活动、扩散的廊道，故害虫天敌在农田中穿透和扩散能力可能是优化农田边界格局的基本依据，适当宽度的边界有利于提供更多生物适宜生境，还能更有效地隔离化肥农药等扩散。R. T. T. Forman 在总结北美与西欧地区土地利用与生态规划经验基础上，提出集中与分散相结合的格局，并指出在含有细粒区域的粗粒景观中，细粒景观以广适种占优势，而此时粗粒景观生态效益较好，这一格局具有多种生态学优越性，其核心是保护和增加景观中天然植被斑块（Forman，1995）。

二、继承自然原则

保护自然景观资源（森林、湖泊、自然保留地等）和维持自然景观过程及功能，是保护生物多样性及合理开发利用资源的前提，也是景观资源持续利用的基础。目前人类对长时间、大范围自然控制仍无能为力，而无人工干扰下特定地域地带性生态景观的复杂性和稳定性是一般人工系统无法比拟的，如何合理继承这种原生景观，维持并修复景观整体生态功能是农业景观规划的重要问题。在规划实践中应以环境持续性为基础，用保护、继承自然景观的方法建造稳定、优质、持续的生态系统，有利于维持系统内稳态，强化农业景观生态功能。

三、关键点调控原则

农业土地利用过程中大多数土地对农业生产具有限制性环境因子，若能合理分析这些关键生态要素，选择合适的空间格局，建设人工景观以制约不利生态因子，创造并放大有利生态因子，可起到防范控制灾害，增加基质产出，改善生态环境的作用。成功的景观规划应抓住对景观内生态流有控制意义的关键部位或战略性组分，通过对这些关键部位景观斑块的引入而改变生态流，对原有生态过程进行简化或创新，在保证整体生态功能的前提下提高效率，以最少用地和最佳格局维护景观生态过程的健康与安全（肖笃宁，1999）。

四、因地制宜原则

农业景观生态规划必然要落实到具体区域，因此必须因地制宜考虑景观格局设计，以便更好地实现农业景观的各种功能。生态农业模式建设实践表明随气候温湿、流域地形、经济发展、人口密度和社会发展水平的变化，农业景观格局呈规律性变化。如对农田防护林网建设而言，防护林区水量平衡是森林覆盖率的限制因子，考虑不同水分和风速等影响，半湿润平原区可采用宽带大网络，而干旱区宜采用窄带和小网络。坡地农业生态系统中营养物质和化肥农药等物质因重力作用而顺坡流动并在坡底积累，易造成养分过度流失与富集，这时斑块形状和边界结构设计则应对这种生态过程具有阻碍作用。

五、作物相生异病原则

自然界植物之间存在相生相克的普遍现象。生产实践中，有些作物种植在一起可以提高产量，而有些作物间作时则出现减产。如高粱等对杂草有化感抑制作用，与其他作物间作时可有效地控制杂草生长，从而提高作物产量。有些植物其分泌物中生物活性物质有利于其他某些植物对营养元素的吸收，从而促进其生长。有些植物含有昆虫拒食剂，与其他植物混种时可减少虫害发生以提高产量，如将野芥（*Sisymbrium indicum*）与椰菜（*Brassica oleracea*）间作，椰菜产量可提高50%；小麦与大豆间作，小麦对大豆的 P 吸收具有明显促进作用，显著提高大豆生物学产量，实验证明这主要是根际效应的结果；农林混作苹果（*Malus pumila Mill*）、杨树（*Populus*）、桃树（*Prunus persica*）的根系分泌物抑制小麦生长，故不宜在这些树下种植小麦；番茄（*Solanum lycopersicum*）的根系分泌物及其植株挥发物对黄瓜（*Cucumis sativus*）生长有明显化感抑制作用，故不宜种在一起；芝麻（*Sesamum indicum*）根系分泌的化感物能抑制棉花生长，故应避免在棉花田中种植芝麻，但可用来防止野毛竹（*Phyllostachys pubescens*）在农田中蔓延，抑制白茅（*Imperata cylindrica*）生长；杜鹃（*Rhododendron simsii*）释放的化感物质能明显改变土壤性质，杜鹃花科植物生长的土地若被用作农田，作物的生长将严重受到抑制；化感作用极强的胡桃（*Juglans*）树下很难生长其他植物，故不能作为套种作物的对象；我国近年来大面积引种的桉树（*Eucalyptus* spp.）因含有多种化感物质，其林下植被光秃，与荔枝（*Litchi chinensis*）间作可引起荔枝大量死亡，也不宜间作。所以在农业景观生态规划中，搭配作物必须遵循相生原则，杜绝相克；另外，作物的病害类型有的相近、甚至相同，所以在农业景观生态规划中，搭配作物必须遵循异病原则，这样更有利于控制病害。

六、社会满意原则

人类是整个农业系统的主导成分，其能动性调动和负面影响控制是景观规划得以顺利实施的关键，因而景观是否让当地人群满意，美学、生物多样性等综合景观生态功能和社会教育意义等都是规划中必须考虑的，如生态恢复区模拟自然顶级群落时应注意以用材林种、薪炭林种、果树、牧草种类与其他物种构成复合景观，并尽可能为更多物种的繁衍提供适宜栖息地。

参考文献

［1］崔兆杰，司维，马新刚. 生态农业模式构建理论方法研究［J］. 科学技术与工程，2006，6（13）：1854 – 1857.

［2］刘玉振. 农业生态系统能值分析与模式构建［D］. 河南大学博士论文，2007.

［3］宁仁松. 都市型观光农业园区的生物多样性构建研究——以上海浦东新区果园村生态果园为例［D］. 上海交通大学博士论文，2011.

［4］王仰麟，韩荡. 农业景观的生态规划与设计［J］. 应用生态学报，2000，11（2）：265 – 269.

［5］卫丽，屈改枝，李新美，等. 作物群落栽培技术原则和现状［J］. 中国农学通报，2004，20（1）：7 – 8，24.

［6］肖笃宁. 农业与农村生态建设［J］. 科技研究与发展. 1999，21（2）：46 – 48.

［7］肖笃宁. 景观生态学——理论、方法及应用［M］. 北京：中国林业出版社，1991.

［8］宇振荣，胡敦孝. 农田边界的景观生态功能［J］. 生态学杂志，1998，17（3）：53 – 58.

［9］章家恩，骆世明. 农业生态系统模式研究的几个基本问题探讨［J］. 热带地理，2000，20（2）：102 – 106.

［10］朱有勇. 遗传多样性与作物病害持续控制［M］. 北京：科学出版社，2007.

［11］Forman R T T. Land mosaics: the ecology of landscape and regions［M］. Cambridge University Press，1995.

第三章 农业生物多样性构建的方法

第一节 品种多样性构建的方法

品种多样性控制病害种植模式的构建方法包括确定种什么作物,不同品种各种多少,如何布局;一年种几茬,哪个生长季节或哪年不种;种植时,采用什么样的种植方式,即采取单作、间作、混作、套作、直播或移栽;不同生长季节或不同年份作物的种植顺序如何安排等等。品种多样性控制病害种植模式的构建方法可以分为品种空间布局法、品种时间布局法和品种时空布局法。

一、品种空间布局法

从土地利用空间上看,品种空间布局包括品种单作、不同品种间作、不同品种混作、不同品种间套作。

(一)品种单作

在一块土地上只种一种作物的种植方式,称为单作,其优点是便于种植和管理,便于田间作业的机械化。小麦、玉米、水稻、棉花等多数作物以实行单作为主。我国盛行间、套作,但单作仍占较大比重。采用品种单作要达到控制病虫害的目标,必须使用抗病品种,而且尽量避免同一土地上连续单作同样作物。

(二)品种间作

品种间作是从传统的间作体系延伸出来的。传统间作定义为在一块地上,同时期按一定行数的比例间隔种植两种以上作物的栽培方式。品种间作涉及多个品种,而非多个作物。间作品种往往是高棵搭配矮棵。实行间种对高棵品种可以密植,充分利用边际效应获得高产,矮品种受影响较小,就总体来说由于通风透光好，可充分利用光能和 CO_2，能提高 20% 左右的产量。高棵品种行数少，矮棵品种的行数多，间种效果好。一般多采用 2 行高棵品种间 4 行矮棵品种，叫 2∶4，采用 4∶6 或 4∶4 也较多 。间种比例可根据具体条件来定。

（三）品种混作

品种混作是从传统的间作体系延伸出来的。传统混作定义为将两种或两种以上生育季节相近的作物按一定比例混合种在同一块田地上的种植方式。品种混作涉及多个品种，而非多个作物。多不分行，或在同行内混播或在整田混播。混作通过不同品种的恰当组合，还能减轻自然灾害和病虫害的影响，以达稳产保收。

（四）品种间套作

品种间套作是在品种间作模式的基础上，考虑到不同品种生育期的差异，而创造出的套种方式，主要是为了调节播期。

不同品种的合理布局是空间上利用遗传多样性的种植模式，即在同一地区合理布局多个品种，从空间上增加遗传多样性，减小对病原菌的选择性压力，降低病害流行的可能。北美洲曾经通过在燕麦冠锈病流行区系的不同关键地区种植具有不同抗病基因的品种，从而成功地控制了该病的流行；我国在 20 世纪 60、70 年代用此法在西北、华北地区控制了小麦条锈病的流行和传播（李振岐，1995）。云南农业大学从 1996 年以来先后对不同水稻品种间作、不同小麦品种混作等模式进行了深入研究，取得了良好的效果。

二、品种时间布局法[1]

品种时间布局包括轮作、休种、连作等，就是要确定品种在耕地上什么时候种、谁先谁后、一年几茬、哪个生长季节或哪年不种等。

（一）品种连作

一年内或连年在同一块田地上连续种植同一种品种的种植方式称作连作。在一定条件下采用连作，有利于充分利用一地的气候、土壤等自然资源，大量种植生态上适应且具有较高经济效益的作物。生产者通过连续种植，也较易掌握某一特定作物的栽培技术。但连作往往会造成多种弊害：加重对作物有专一性危害的病原微生物、害虫和寄生性、伴生性杂草的滋生繁殖。如马铃薯的黑痣病、蚕豆

---

[1] 骆世明：《农业生物多样性利用的原理与技术》，化学工业出版社 2010 年版。

的根腐病、西瓜的蔓割病以及花生线虫、大豆菟丝子、向日葵列当、稗草等的滋生都和连作有关；影响土壤的理化性状，使肥效降低；加速消耗某些营养元素，形成养分偏失；土壤中不断累积某些有毒的根系分泌物，引起连作作物的自身"中毒"等。

不同作物连作后的反应各不相同。一般是禾本科、十字花科、百合科的作物较耐连作；豆科、菊科、葫芦科作物不耐连作。连作对深根作物的为害大于浅根作物；对夏季作物的为害大于冬季作物，在同一块田地上重复种植同一种作物时，按需间隔的年限长短可分为3类：忌连作作物，在同一田地上种1年后需间隔2年以上才可再种，如芋、番茄、青椒等需隔3年以上，西瓜、茄子、豌豆等需隔5年，亚麻则需隔10年后再种；耐短期连作作物，连作1~2年后需隔1~2年再种，如豆类、薯类作物、花生、黄瓜等；较耐连作的作物，可连作3~4年甚至更长时间，如水稻、小麦、玉米、棉花、粟、甘蓝、花椰菜等，在采取合理的耕种措施，增施有机肥料和加强病虫防治的情况下，连作的为害一般表现甚轻或不明显。

在一年多熟地区，同一田地上连年采用同一复种方式的复种连作时，一年中虽有不同类型的作物更替栽种，但仍会产生连作的种种害处，如排水不良、土壤理化性状恶化、病虫害日趋严重、有害化学物质累积等。为克服连作引起的弊害，可实行轮作（水旱轮作）或在复种轮作中轮换不耐连作的作物，扩大耐连作的作物在轮作中的比重或适当延长其在轮作周期中的连作年数，增施复合化肥、有机肥料等。

（二）品种轮作

在同一块田地上，有顺序地在季节间或年间轮换种植不同的品种或复种组合的种植方式称作轮作。轮作是用地养地相结合的一种生物学措施。

合理的轮作有很高的生态效益和经济效益：有利于防治病、虫、草害。如将亲和小种水稻品种与非亲和小种水稻品种，或者抗性不同的水稻品种轮作，便可减轻稻瘟病的发生发展。对为害作物根部的线虫，轮种不感虫的品种后，可使其在土壤中的虫卵减少，减轻危害。合理的轮作也是综合防除杂草的重要途径。

轮作因采用方式的不同，分为定区轮作与非定区轮作（即换茬轮作）。定区轮作通常规定轮作田区的数目与轮作周期的年数相等，有较严格的作物轮作顺序，定时循环，同时进行时间和空间上（田地）的轮换。在中国多采用不定区的或换茬式轮作，即轮作中的作物组成、比例、轮换顺序、轮作周期年数、轮作田区数和面积大小均有一定的灵活性。

（三）休　闲

《辞海》"休闲"词条的解释为：农田在一定时间内不种作物，借以休养地力的措施。主要作用是积累水分，并促使土壤潜在养分转化为作物可利用的有效养分和消灭杂草，其不利方面是浪费了光、热、水、土等自然资源，并加剧了原有肥力的矿化和水土流失。

三、品种时空布局——多品种混合间栽[①]

上面为了论述的方便，把空间上和时间上利用遗传多样性分门别类地详细论述，其实在实践中人们基本上是在时间与空间上同时利用遗传多样性的，如套种就是时间和空间同时利用的。而且科学家越来越重视时间与空间上同时利用遗传多样性的实践。

多品种混合间栽是在时间与空间上同时利用遗传多样性的种植模式，即在同一块田地上，把两个或两个以上的品种，调整播期、成行相间种植的方法。株高不同的两个品种间栽，充分利用了空间，可以改善通风透光条件，改变田间小气候环境，抑制病害的发生和发展；充分利用地力，发挥边际优势，增加产量；能满足农民和消费者对不同品种的需求；充分利用了时间，使不同成熟期的品种同田同期收获。这方面的例子以云南农业大学利于水稻遗传多样性持续控制稻瘟病的研究最为突出，在此不赘述。

第二节　物种多样性构建的方法

在作物种类、品种确定后，合理的田间结构，是能否发挥复合群体充分利用自然资源的优势，解决作物之间一系列矛盾的关键。只有田间结构恰当，才能增加群体密度，又有较好的通风透光条件，发挥其他技术措施的作用。如果田间结构不合理，即使其他技术措施配合得再好，也往往不能解决作物之间争水、争肥，特别是争光的矛盾。

作物群体在田间的组合、空间分布及其相互关系构成作物的田间结构。物种

---

① 骆世明：《农业生物多样性利用的原理与技术》，化学工业出版社 2010 年版。

多样性控制病害种植模式的田间结构是复合群体结构，既有垂直结构又有水平结构。垂直结构是群体在田间的垂直分布，是植物群落的成层现象在田间的表现，层次的多少与参与物种多样性控制病害种植模式的作物种类多少及作物、品种的选择密切相关。水平结构是作物群体在田间的横向排列，由于作物根系吸收一定范围内的水分、养料，且植株在田间的横向排列与田间垂直结构的形成密切相关，所以水平结构显得非常复杂和重要。这里着重说明间、套作的水平结构的组成（卫丽等，2004）。

一、确定密度

提高种植密度，增加叶面积指数和照光叶面积指数是间、套作增产的中心环节。间、套作时，一般高位作物在所种植的单位面积上的密度要高于单作，以充分利用改善了的通风透光条件，发挥密度的增产潜力，最大限度地提高产量。其增加的程度应视肥力情况、行数多少和株型的松散与紧凑而定。水肥条件好，密度可较大。不耐阴的矮位作物由于光照条件差，水肥条件也较差，一般在所种植单位面积上的密度较单作时略低一些或与单作时相同。

生产中，为了达到高位作物的密植增产和发挥边行优势，并增加副作物的种植密度、提高总产量的目的，经验是：高位作物采用宽窄行、带状条播、宽行密株和一穴多株等种植形式，做到"挤中间，空两边"，即以缩小高位作物的窄行距和株距（或较宽播幅）保证要求的密度，以发挥密度的增产效应；用大行距创造良好的通风透光条件，充分发挥高位作物的边行优势，并减少矮位作物的边行劣势。

生产运用中，各种作物密度还要结合生产的目的、土壤肥力等条件具体考虑。当作物有主次之分时，一般是主作物（高位作物或矮位作物）的密度和田间结构不变，以基本上不影响主作物的产量为原则；副作物的多少根据水肥条件而定，水肥条件好，可多一些，反之，就少一些。从土壤肥力看，如甘肃等地小麦、扁豆或大麦、豌豆混作，水肥条件较好的地上，小麦、大麦比例较大；相反，扁豆或豌豆比例加大。

套作时，各种作物的密度与单作时相同。当上、下茬作物有主次之分时，要保证主要作物的密度与单作时相同，或占有足够的播种面积。

间套种情况下，各种作物的密度都要统一考虑，全面安排。既要提高全年全田的种植总密度，又要协调各种作物之间利用生态因素的矛盾。

二、确定行数、株行距的幅宽

一般间套作作物的行数可用行比来表示，即准备栽种的作物行数的实际数相比而不进行约分，如2行玉米间作2行大豆，其行比为2:2，6行小麦与2行棉花套作，其行比为6:2。行距和株距实际上也是密度问题，配合的好坏，对于各作物产量和品质的关系很大。

间作作物的行数，要根据计划作物产量（需有一定的播种面积予以保证）和边际效应来确定，一般高位作物不可多于而矮位作物不可少于边际效应所影响行数的二倍。如据调查，棉花与甘薯相邻，棉花边行优势可达4行，边1～4行分别比5～10行平均单株铃数依次增加67.6%、22.6%、10.64%和10.71%，4行以后结铃虽有多少之分，但相差不大。甘薯的边行劣势可达3行，边1～3行分别比4～10行平均单株产量依次减产34.05%、10.81%和0.65%。麦棉套作中小麦在行距16.7～22.3cm的情况下，小麦边行优势也达3行。这样，间作时，棉花的行数最多可达8行，小麦可达6行，行数愈少，边行优势愈显著；甘薯的行数要在6行以上，愈多减产愈轻。这个原则在实际运用时，可根据具体情况相应增减。另外，据沈阳农学院调查，当玉米与矮位作物间作时，为充分发挥玉米的边行优势，矮位作物行所占的地面总宽度基本上等于玉米的株高效果最好。

矮位作物的行数，还与作物的耐阴程度、主次地位有关。耐阴性强的，行数可少；耐阴性差时，行数宜多些。矮位作物为主要作物时，行数宜较多；为次要作物时，行数可少。如玉米与大豆间作，大豆较耐遮阴，配置2～3行，可获得一定产量。但在以大豆为主的情况下，行数则可增加到10行以上，这样有利于保证大豆获得较高产量。

套作时，如何确定上、下茬作物的行数仍与作物的主次密切相关。如小麦套种棉花方式，以春棉为主时，应按棉花丰产要求，确定平均行距，插入小麦；以小麦为主兼顾夏棉时，小麦应按丰产需要正常播种，麦收前晚套夏棉。

幅宽是指间套作中每种作物的两个边行相距的宽度。在混作和隔行间套作的情况下无所谓幅宽，只有带状间套作，作物成带种植才有幅宽可言。幅宽一般与作物行数成正相关关系。高位作物带内的行距一般都比单作时窄，所以在与单作相同行数情况下，幅宽要小于相同行数行距的总和。矮位作物的行数较少，如2～3行情况下，矮位作物带内的行距宜小于单作的行距，即幅度较小，密度可通过缩小株距加以保证，这样的好处是可以加高位作物的间距，减轻边行劣势。

间套复时，各季作物行数的确定，需前后左右统筹安排，结合各方面的有关因素确定。生产中运用时，复合群体中各种作物行数、行距的确定，还需尽量与现代化条件结合起来。

三、确定间距

间距是相邻两作物边行的距离的地方，这里是间套作中作物边行争夺生活条件的最大地方；间距过大，减少作物行数，浪费土地；过小，则加剧作物间矛盾。在水肥条件不足的情况下，两边行矛盾激化，甚至达到你死我活的地步。在光照条件差或都达到旺盛生长期的时候，互相争光，严重影响处于矮位的作物生长发育和产量。

各种组合的间距，在生产中一般都容易过小，很少过大。在充分利用土地的前提下，主要照顾到矮位作物，以不过多影响其生长发育为原则。具体确定间距时，一般可根据两个作物行距一半之和进行调整。在水肥和光照充足的情况下，可适当窄些。相反，在差的情况下可宽些，以保证作物的正常生长。

四、确定带宽

带宽是间套作的各种作物顺序种植一遍所占地面的宽度。它包括各个作物的幅宽和行距。以 W 表示带宽，S 表示行距，N 表示行数，n 表示作物数目，D 表示间距，即：

$$W = \sum_{i=1}^{n} \left[S_i (N_i - 1) + D_i \right]$$

带宽是间套作的基本单元，一方面各种作物和行数、行距、幅宽和间距决定带宽，另一方面上式各项又都是在带宽以内进行调整，彼此互相制约。

各种类型的间套作，在不同条件下，都要有一个相对适宜的带宽，以更好地发挥其增产作用。安排得过窄，间套作作物互相影响，特别是造成矮秆作物减产；安排得过宽，减少了高秆作物的边行，增产不明显，或矮秆作物过多往往又影响总产。间套作物的带宽适宜与否，由多种因素决定。一般可根据作物品种，土壤肥力，以及农机具进行调整。高位作物占种植计划的比例大而矮秆作物又不耐阴，两者都需要大的幅宽时，采用宽带种植。高秆作物比例小且矮秆作物又耐阴可以窄带种植。株型高大的作物品种或肥力高的土地，行距和间距都大，带宽要加宽；反之，则缩小。此外，机械化程度高的地区一般采用宽带状间套作。中型农机具作业，带宽要宽，小型农机具作业可窄些。

五、适时播种，保证全苗

间套作的播种时期与单作相比具有特殊意义，它不仅影响到一种作物，而且会影响到复合群体内的他种作物。套作时期是套种成败的关键之一。套种过早或前一作物迟播晚熟，延长了共处期，抑制后一作物苗期生长；套种过晚，增产效果不明显，因此要着重掌握适宜的套种时期。间作时，更需要考虑到不同间作作物的适宜播种期，以减少彼此的竞争，并尽量照顾到它们的各生长阶段都能处在适宜的时期。混作时，一般要考虑混作作物播种期和收获期的一致性。

间套作的秋播作物的播种比单作要求更加严格，因为在苗期要经过严寒的冬天，不能过早也不能过晚。在前作成熟过晚的情况下，要采取促进早熟的措施，不得已晚播时，要加强冬前管理，保全苗、促壮苗。春播作物一般在冬闲地上播种，除了保证直接播种质量外，为了全苗和提早成熟可采用育苗移栽或地膜覆盖栽培。育苗移栽可以调整作物生长时间，培育壮苗，并缩短间套作物的共处期，保证全苗。地膜覆盖能够提高地温，保蓄水分，对于壮苗早发有着良好的作用。夏播作物生长期短，播种期愈早愈好，并且应注意保持土壤墒情，防治地下害虫，以保证间套作物的全苗。

六、加强水肥管理

间（混）、套作的作物由于竞争，需要加强管理，促进生长发育。在间混作的田间，因为增加了植株密度，容易导致水肥不足，应加强追肥和灌水，强调按株数确定施肥量，避免按占有土地面积确定施肥量。为了解决共处作物需水肥的矛盾，可采用高低畦、打畦埂、挖丰产沟等便于分别管理的方法。在套作田里，矮位作物受到抑制，生长弱，发育迟，容易形成弱苗或缺苗断垄。为了全苗壮苗，要在套播之前施用基肥，播种时施用种肥，在共处期间做到"五早"，即早间苗，早补苗，早中耕除草，早追肥，早治虫。并注意土壤水分的管理，排渍或灌水。一旦前作物收获后，及早进行田间管理，水肥猛促，以补足共处期间所受亏损。

七、综合防治病虫害

间（混）、套作可以减少一些病虫害，也可以增添或加重某些病虫害，对所发生的病虫害，要对症下药，认真防治，特别要注意防重于治，不然病虫害的发生会比单作田更加严重。在用药上要选好农药，科学用药，特别是间套供直接食用的瓜、菜类作物等，用药要高度谨慎，应选用高效低毒低残留农药。对于虫害，除物理和化学方法外，要注意运用群落规律，利用植物诱集、繁衍天敌，进行生物防治，以虫治虫，以收到事半功倍的效果。例如，麦、油、粮间套作，蚜虫的天敌，早春先以油菜上的蚜虫为食繁殖，油菜收获后，天敌转移到麦田，控制麦蚜为害，小麦收获后，全部迁移到棉田，这样在小生物圈内，实现了良性循环。对于病害，注意选用共同病害少的或兼抗的品种，特别要强调轮作防病，以达经济有效。

八、早熟早收

为了削弱复合群体内作物间的竞争关系，促进各季作物早熟、早收，特别是对高位作物，是不容忽视的措施。在间、套、复多作多熟情况下，更应给以注意。促早熟，除化控以外，如玉米在腊熟期提早割收，堆放后熟。改收老玉米为青玉米，改收大豆为青毛豆也不失为一种有效方法。

第三节　生态系统多样性构建的方法

农业生态系统是由农业生态、农业经济、农业技术三个子系统相互联系、相互作用形成的复合系统，受自然—社会—经济—技术共同作用，由多层次、多要素、多因子、多变量相互作用相互联系而构成的，涉及的因素很多。所以生态农业模式的构建是一个系统性工程，必须从系统的角度出发，进行全面规划，科学设计，使得所构建模式能够高度稳定并且协调发展（章家恩和骆世明，2000；崔兆杰等，2006）。

一、系统环境辨识与诊断

系统环境辨识是从系统与环境的整体出发，认识环境与系统的关系，揭示环境系统的构成及其内在运行规律与变化发展趋势，为系统设计提供科学依据。其任务是明确所设计的对象是什么系统，确定系统级别，弄清设计基本目标，并划清系统边界和设计时限。

系统诊断是指查明系统现实状态与功能和理想状态与功能之间的差距及原因，以及系统发展的优势，提出要解决的关键问题和问题的范围，并初步提出系统发展的目标。一方面是考察、收集、整理与对象系统有关的资料和数据；另一方面是分析与评价系统的组成、结构、功能等，作为系统综合分析的依据。

二、系统综合分析与方案设计

系统综合分析是指通过将获得的对象系统信息和资料进行综合加工，确定系统设计的优劣势条件和突破口，为完成系统设计方案提供理论支撑。

方案设计是模式构建的核心任务，是在系统综合分析的基础上，提出使原有系统结构优化、功能提升的一种或者几种方案。包括农业生态系统动态变化的模型分析和预测、设计目标的分析与指标、产业结构、时空结构、食物链结构、环境与生态形象等的确定，主要设计内容和设计方法的选择，进而设计出实现目标指标的各种方案。

三、系统评价与优选

系统评价和选优是在系统综合分析与方案设计的基础上，在各可控因素允许变动范围内对所设计的各种方案的生态合理性、经济可行性、技术可操作性和社会可接受性进行综合评价和比较分析，从中选择最佳实施方案，以供决策者或生产者参考使用。

四、方案实施与反馈

方案实施与反馈是把入选方案付诸实践并进行动态监测，不断反馈信息，并逐步修改设计误差，从而进一步优化原有的设计方案的过程。生态农业模式构建方案的实施是一项十分复杂的任务，农业系统内、外部条件在不断变化，生产实践中也会不断出现新情况、新问题，因此要时刻关注系统运行中出现的问题，采取适当的控制和补救措施，以保证系统按预期目标发展。

随着社会经济的发展，农业的产业化特征日益凸显。因此，对农业生态系统模式的构建不应仅局限在农业生产部门内，还应对产前、产中、产后进行全程构建，以优化产业结构，完善农业生态模式的功能。

第四节　农业景观多样性构建的方法

在我国的农业园区规划方法中，多突出产业发展和经济效益的重要性，而对于生态环境的保护和景观美化一体化构建的研究，尤其是利用生物多样性的保护和构建达到控制病害的研究相对较少。目前我国农业园区规划主要存在两条技术主线，即产业发展线和土地利用线。两条主线相互联系、影响，形成了农业园区的规划体系。在此基础上，有学者提出农业园区发展过程中应当注重生态环境的保护，引入农产环境保障规划的内容，并提出了新的规划思路（吴人韦和杨建辉，2004）。现有规划思路从土地利用、产业发展和农产品环境保障三个角度对农业园区展开规划，特别要重视景观多样性对病害的控制作用，生产绿色、安全的农产品。

总的来说景观多样性控制病害种植模式的构建方法分为基础资料的收集与分析、构建目标的制订和规划策略的制订三个步骤（宁仁松，2011）。

一、基础资料的收集与分析

生态景观规划策略的基础资料收集主要有五个方面：气候条件、植物适生情况、生物多样性水平、基地空间格局现状和基地植物景观现状（表3-1）。

表3-1　基础资料主要内容（宁仁松，2011）

资料分类	主要内容	调查意义
自然地理条件	当地气温、降水、光照、土壤条件等基础数据	为构建方法的制订提供基本依据
植物适生情况	当地的地带性植被以及乡土树种、草种种类	为植物选择提供依据，做到适地、适树、适草，因地制宜，提高生物多样性构建的效果
生物多样性水平	植物生物多样性为主，动物生物多样性为辅，重视天敌昆虫的调查	为生物多样性的必要性构建提供支持，便于景观多样性控制病害种植模式构建
基地空间格局现状	基地的用地构成、景观异质性、廊道现状和斑块现状	对园区空间格局现状做初步了解，便于在生物多样性构建中有的放矢

（一）植物适生情况

提高园区的生物多样性主要以植被的构建为手段，通过提高园区内的植物多样性改善园区内的生态环境，为更多的生物营造合适的生存空间，进而提高包括动物物种多样性在内的生物多样性水平。植物的适生情况直接影响园区植被环境的构建，进而对生物多样性保护和构建的效果产生影响。因此，在园区生物多样性保护和构建方法确定之前需要对适应园区所在区域环境的乡土树种加以了解，并根据园区特殊的土壤条件等对树种、草种进行筛选，务必做到因地制宜，适地、适树、适草。

（二）生物多样性的水平

生物多样性的水平直接决定着园区生物多样性构建方法的制订，在对园区生物多样性水平加以改善之前必须对园区原有生物多样性水平进行具有针对性的调查，并根据原有生物多样性水平的特殊性采取相应的措施，提高生物多样性保护和构建的效率（表3-2）。

表3-2 生物多样性现状调查分析表（宁仁松，2011）

调查内容	主要以植物物种多样性为主，动物物种多样性（天敌昆虫）根据园区条件进行选择性的调查	
调查方法	样地选取方法	采用分层随机取样法将园区植被分为两个层次，即自然植被和农业植被；在每个层次内使用代表性样地法
	样地规格	在自然植被和农业用地中分别取 20m×20m 样地若干，记录每个样方内乔木和灌木的种名、个体数。在每个样方内设置 1m×1m 小型样方调查草本植物
	结果分析	用 DPS 数据处理系统平台进行计算
主要参数	Shannon–Wiener 指数（H）和均匀度指数（JSW）	使调查结果不仅反映群落组成中物种的丰富程度，也反映不同自然地理条件与群落的关系以及群落的稳定性与动态

（三）基地空间格局现状

现场的空间布局现状对于构建方法的制订具有重要影响，构建方法应从现场的用地情况出发，充分利用现有资源，降低构建的成本。空间布局现状主要分为以下几个方面：园区用地构成、园区景观异质性、园区廊道分布情况以及园区环境资源斑块分布情况（表3-3）。

表3-3 空间格局调查分析表（宁仁松，2011）

用地构成	方法	航拍图片分析：得当各种景观要素之间的位置关系和分布情况
		现场踏勘调查：直接准确地了解景观要素细节情况，如自然植被长势、水体污染情况等
	结果	基地现状用地构成图和基地现状用地构成表
	意义	无论是用地类型的空间构成、组成比例还是其实际情况都将成为后续规划的重要依据
景观异质性	衡量指标	景观多样性指数：反映了景观要素的多少和各个景观要素所占比例的变化，景观多样性指数越高那么景观异质性程度越高
		均匀度：是指景观中不同景观类型的分配均匀程度，体现园区整体环境内各个部分是否存在水平相当的景观多样性
	计算方法	景观多样性指数按照 Shannon - Weaver 公式计算：$H = -\sum_{i=1}^{s} P_i \log_2 P_i$
		其中：H 是景观多样性指数；s 是研究区域内景观类型总数；Pi 是第 i 种景观要素面积占总面积的比
		景观均匀度是景观实际多样性与最大多样性的比值，公式：$E = H/H_{max}$。其中：E 是均匀度指数，H 是多样性指数，H_{max} 为给定条件下最大的可能多样性指数 $H_{max} = \ln(n)$
廊道现状	空间分布	衡量指标：廊道的密度：是指廊道在单位面积景观中的长度，主要用以表示廊道的疏密程度
		廊道的非均匀度指数：用来表示廊道在不同的空间中分布的均匀程度
		计算方法：廊道密度的计算公式为：$D = L/A$。其中：L 为廊道的长度（km），A 为景观面积
		廊道的非均匀度指数的计算公式为：$NE = 1/nD \sum_{i=1}^{n} \lvert Ln/An - D \rvert$
		其中，NE 为廊道分布的非均匀指数，D 为廊道密度，Ln 为第 n 个网格内廊道的长度，An 为第 n 个网格的面积
	空间分布	在廊道的分布情况等同的情况下，廊道本身的特性则决定了廊道功能的发挥。廊道本身的特性包括廊道的空间结构和植物配置两方面。通过现场调查对廊道本身的功能（生态功能、景观效果）进行定性评价，进而以此为依据分析廊道现存的问题，并针对现存的问题提出改良方案

续 表

斑块现状	空间分布	衡量指标	环境资源斑块是园区生物多样性的输出斑块，对于园区生物多样性的构架具有战略意义，而其相互之间的联系很大程度上决定了斑块功能的发挥。因此，通过环境资源斑块的空间分布情况反映园区斑块分布情况对生物多样性的影响
			最近平均距离：用于描述某种景观元素斑块之间相互联系的隔离程度 斑块相互作用指数：用于描述斑块之间相互作用的强度和建立功能联系的难易程度
		计算方法	两个指数的计算公式如下：$D = \sum_{i=1}^{n} \dfrac{D_i}{N}$；$R = \sum_{i=1}^{n} \dfrac{A_i A_j}{D_i^2}$ 式中，D 为环境资源斑块平均最近距离，D_i 为第 i 个斑块到最近一个斑块的中心点距离，N 为斑块数量，R 为景观组分的相互作用指数，A_i 为第 i 个斑块的面积，A_j 为与第 j 个斑块中心点距离最近的同类斑块的面积
	本身特性		与廊道元素相类似，需要对斑块本身的特性进行定性的分析评价，进而针对现存问题提出改良方案

（四）基地植物景观现状

要对当地的景观加以改造必须对当地的景观现状有充分的了解，进而根据现有景观的优缺点进行有针对性的保护、改造甚至重建等活动。由于植物景观在景观多样性控制病害中所起到的作用，应当将基地的植物景观现状作为调查的重点（表 3-4）。

表 3-4　基地植物景观现状调查（宁仁松，2011）

景观类型	农业景观	农田作物所形成的大块面的景观的多样性
	非农业景观	水体植物景观、道路植物景观以及林地景观等，是农业景观的重要补充
调查内容	群落结构合理性	植物群落结构（垂直结构、水平结构）、常绿落叶搭配、植物生长势等
	植物景观美观性、文化属性	包括植物的季相搭配、植物的色彩搭配、开花植物的应用等，指景观能否体现当地的文化特色或者是否具有当地独特的景观特色，例如表现当地农业生产的传统内容、应用当地的标志性植物搭配等

二、构建目标的确定

在对基地的现状有了深入了解的基础上，需要制订相应的构建目标作为构建方法的指引。使得构建方法对基地的具体现状和发展要求具有明确的针对性，以免构建方法脱离园区实际情况（表3-5）。

表3-5　农业园区生物多样性构建目标（宁仁松，2011）

目标设立依据	园区现状	自然地理条件、生物多样性水平、空间格局现状、园区景观现状等
	园区定位	园区未来需要承载生态调节功能、景观游憩功能、农业生产功能等
目标内容	生态目标	弥补生物多样性水平上的不足，制订控制病害的生态目标
	景观目标	兼顾生态目标的同时，提高园区的景观效果和游憩性而设立相关的景观目标
	生产目标	设立与园区农业生产相关的生产目标，特别是绿色农产品目标
	文化目标	为提高农业园区的文化底蕴而设立的文化目标

三、具体实施方法

国内学者俞孔坚等通过分析国内外关于生物多样性保护的研究，总结得出生物多样性保护的两种景观规划途径，即以物种为出发点的景观规划途径和以景观元素为出发点的景观规划途径（俞孔坚，1998）。因此，为了保护和构建农业园区的生物多样性，应从两个层次入手，即空间格局的梳理和园区物种选择。两者相互结合，分别从整体环境控制和具体环境处理的层次实现生物多样性的保护和构建，具有全面立体化的效果（表3-6）。

表3-6　生物多样性构建方法的层次分析（宁仁松，2011）

生物多样性保护规划途径	特点说明	生物多样性构建层次
以景观元素为出发点	从园区的整体环境出发，将园区看作一个有机整体，形成有利于生物多样性发展的景观格局	空间格局层次
以物种为出发点	从园区局部出发，保护关键物种，提升园区的生物多样性。	物种选择层次

两个层次之间具有相互补充的作用：一方面，空间格局层次可以从大处着眼，从整体上解决问题，以弥补物种选择层次局部解决问题、对整体环境改善效果不明显的问题，使得物种分布更加合理，增强物种选择的作用效果；另一方面，物种选择层次对园区生物多样性缺失的问题具有直接的作用效果，可以使空间格局的梳理在生物多样性提高方面的作用更加显著。因此，生物多样性构建的两个层次互为补充，缺一不可。

（一）空间格局梳理

空间格局的梳理包括两个方面的内容，即园区空间布局整理和景观元素构建。以此形成对生物多样性的提高具有积极意义的空间格局。

1. 园区整体布局

根据斑块和廊道的空间布局以及景观异质性的要求，农业园区生物多样性保护与构建方法的空间整体布局梳理应从两个方面入手，即斑块策略和廊道策略（表3 - 7、3 - 8）。

表3 - 7　园区整体布局的斑块策略（宁仁松，2011）

斑块类型	布局方法	效果
生物多样性输出型	1. 以园区原有的大型环境资源斑块为基础进行扩建和保护	形成具有自然、稳定、合理的植物结构以及较大的占地面积的斑块，包含完整的生境空间以及丰富的自然资源，为生物多样性的富集和对外输出提供条件
	2. 在具有良好的自然环境基础的位置（水塘、河流交汇处等）进行营建	
生物多样性中转型	1. 充分利用园区原有植被斑块，调整其植被结构	使原有的自然、人工植被在保留原有功能的基础上，承担更多的生态功能
	2. 在必要的位置构建全新的植被斑块，合理化调整园区原本的斑块布局结构	缩短斑块之间的距离，增强斑块之间的联系性，充分体现中转型斑块在天敌避难和迁移过程中的作用
生物多样性吸收型	1. 尽量分散布局	减轻局部生物多样性压力，防止局部生态环境不稳定
	2. 与生物多样性输出型斑块相邻布局	缩短生物多样性输出的传输距离，提高传输效率，增强输出型斑块对于吸收性斑块的影响
	3. 在内部引入小型的植被斑块	提高斑块乃至园区的景观异质性，从斑块自身解决其生物多样性缺乏的问题

表 3 - 8　园区整体布局廊道策略（宁仁松，2011）

廊道类型	布局方法	效果
生物多样性连接型	1. 用廊道将临近的环境资源斑块连接	增强斑块之间的联系，加速斑块间的能量物质流通，提高斑块的整体生态效益，为物种迁移提供足够的渠道
	2. 用廊道将相对孤立的环境资源斑块与临近的主要廊道连接	将环境资源斑块纳入到园区的生物多样性网络，使相对孤立的环境资源斑块发挥更大的作用
生物多样性保护型	在输出型斑块和中转型斑块周围布置保护型廊道	保护斑块内部环境的稳定安全，保证斑块内部多种物种正常的生存活动不受干扰
生物多样性输出型	1. 尽量利用园区现有的自然环境资源，以园区环境资源分布为依据进行输出型廊道布局	使输出型廊道以原有自然资源为基础形成完整复杂的生境，进而提高本身内部的生物多样性，并对外输出。是对生物多样性输出型斑块的重要补充
	2. 连通分散、断续的输出型廊道，增加其面积和长度	扩大内部生境，为生物多样性的富集提供条件
生物多样性干扰型	去除部分冗余的干扰廊道，降低部分廊道功能等级	减少干扰廊道对园区环境所产生的干扰，保证环境稳定

2. 局部景观构建

在园区内部形成了较为完整的生态景观体系之后，需要对局部的景观元素的营建进行控制，使得园区的整体结构能够发挥最大的作用。景观元素的构建主要分为两个方面：斑块元素和廊道元素。

斑块元素：包括生物多样性输出型斑块、中转型斑块和吸收性斑块，应根据不同的斑块类型确定斑块的构建方法，以下对三种类型的斑块构建方法进行分别分析。

生物多样性输出型斑块多为大型的环境资源斑块，在其构建过程中应以保证其生境的稳定性、完整性为目的，为生物多样性的富集提供物质基础（表 3 - 9）。

表3-9　生物多样性输出型斑块构建分析（宁仁松，2011）

功能		利用本身具有环境条件资源富集、积累生物多样性，并向外输出，成为整个园区生物多样性的来源
类型	水体	围绕水体形成的环境资源斑块，依靠水体本身所具有的生境丰富的特点，形成结构复杂、稳定的生态环境，为控制病虫害提供条件
	林地、草地	在陆域地区形成的环境资源斑块，以乔、灌、草相结合的形式形成结构稳定的生态环境，为控制病虫害提供条件
构建原则		1. 生态性原则：遵循植物本身的生态习性，以乔、灌、草搭配，常绿落叶搭配，水生陆生植物搭配等手段形成稳定的生态环境。尊重原有自然植被结构，以自然为师，做到适地、适树、适草 2. 景观性原则：通过植物的合理搭配形成空间丰富、色彩搭配合理的植物斑块，提升美观性 3. 经济性原则：主要以园区现有的环境资源为基础进行梳理和扩建，从而形成具有一定面积规模的环境资源斑块，避免重新构建带来沉重的经济负担
构建对策		1. 面积：选取园区现有的较大的环境资源斑块为基础进行合理扩建和结构梳理，进而形成具有一定面积规模的斑块 2. 形状：在进行构建的时候应根据生态流流动的方向（即廊道连接的方向）设置适当的突起。而在其他方向，尤其是生态干扰较大的方向保持斑块边界的紧密性，对斑块内部环境进行适当的保护 3. 结构：充分调查当地的自然植被情况，一方面，在原有环境资源斑块的基础上进行改造，并且充分尊重原有的群落结构，仅对斑块规模进行扩充和边界形状进行适当的修改；另一方面，以原有的自然植被结构为蓝本，利用当地的乡土植物进行重新构建，形成特色和生态适应性的植物群落。

　　相对于生物多样性输出型斑块，生物多样性中转型斑块多为小型环境资源斑块，在生物生境的提供和生物生活资料的富集方面的能力较弱。但是，小型环境资源斑块有着大型环境资源斑块所不具有的灵活性和构建上的可操作性，在构建方法上也存在一定的差别（表3-10）。

表3-10　生物多样性中转型斑块构建分析（宁仁松，2011）

功能	1. 作为物种迁移的"踏脚石"：是物种在长途迁移过程中的必需的缓冲区域 2. 作为特殊时期物种的"避难所"：当环境资源斑块的生境面临比较强烈的干扰（如火灾等）时，物种可以暂时迁移到邻近的中转型斑块，以保持原有的生物多样性不受损害

续　表

构建方法	1. 斑块边界形状保持紧凑：由于来自外界的生态干扰较为强烈，同时由于斑块面积较小，其自我维持和抵御外界干扰的能力相对较弱，所以利用紧凑的边界形状有利于自身能量的保持 2. 注重植物群落的景观性：由于小型环境资源斑块分布于园区各处，而且有部分分布于建成区等人类活动较多的位置。因此，相对于生态功能为导向的大型环境资源斑块的构建，小型环境资源斑块应当在景观角度投入较多的精力，合理利用植物形成丰富的景观层次 3. 内部结构的合理化：由于小型环境资源斑块部分是作为廊道的节点，即动物迁移的"踏脚石"而存在的。所以在结构上应当注意保证斑块结构与廊道的连接度，以及斑块内部的通过性。同时，为了保证斑块内部环境的稳定少受外界干扰的影响，应为小型环境资源斑块设置较宽的缓冲区域
构建方法解析	示意图一 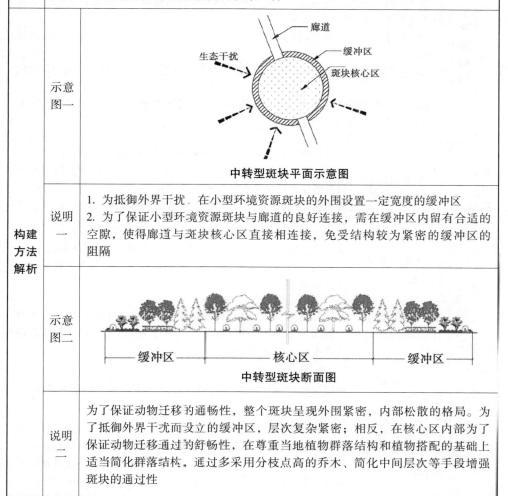 中转型斑块平面示意图
	说明一 1. 为抵御外界干扰，在小型环境资源斑块的外围设置一定宽度的缓冲区 2. 为了保证小型环境资源斑块与廊道的良好连接，需在缓冲区内留有合适的空隙，使得廊道与斑块核心区直接相连接，免受结构较为紧密的缓冲区的阻隔
	示意图二 中转型斑块断面图
	说明二 为了保证动物迁移的通畅性，整个斑块呈现外围紧密，内部松散的格局。为了抵御外界干扰而设立的缓冲区，层次复杂紧密；相反，在核心区内部为了保证动物迁移通过的舒畅性，在尊重当地植物群落结构和植物搭配的基础上适当简化群落结构，通过多采用分枝点高的乔木、简化中间层次等手段增强斑块的通过性

生物多样性吸收型斑块主要为农田斑块和建筑斑块，本身的生物多样性水平较低，需要外界的生物多样性输入，在构建中应注意自身生物多样性的提高以及与外界的联系（表3-11）。

表3-11　生物多样性吸收型斑块构建分析（宁仁松，2011）

农田斑块	特点	农田斑块虽然在组成上跟自然资源斑块一样同属于植物斑块，但是由于传统农业中农田的种植和生产方式存在的问题导致农田斑块在很多时候其生态功能有限，甚至会对周围的生态环境产生负面影响	
	主要问题	1. 单一物种的大面积种植，造成病虫害的泛滥，影响农产品的品质和产量 2. 农药的过量使用，造成环境污染和农产品的农药残留问题，使得农业生产对周围环境造成损害的同时也威胁着人类的食品安全 3. 盲目追求高产量、经济利益，大量施用化肥，造成土地盐碱化和附近水体的富营养化 4. 为追求利益最大化而进行的间作、套种等耕作方式脱离科学指导，不利于作物的生长 5. 由于农业作物景观具有很强的季节性特点，在其他季节农田斑块的景观效果十分有限，缺乏其他景观植物的补充	
	构建方法	1. 增加同时经营的作物种类	通过多种作物的相间种植防止整个农田景观的单一化。但是，在引入新的农田作物品种时应当充分了解新引进的作物与原来经营的作物之间是否存在相生相克的生态关系，利用两种作物之间相互促进的关系，防止两种作物相克的关系，进而提高农业生产的效益
		2. 控制农田斑块的面积	利用景观植物等将农田斑块分割，适当控制农田斑块的面积。在1、2两条原则的控制之下，可以防止单一物种大面积种植的问题出现
		3. 开展合理化、科学化的间作套种	开展合理化、科学化的间作、套种。间作、套种等生产方式对于提高农业生产的效益具有重要的意义，同时还可以提高农田斑块本身的生物多样性
		4. 合理种植利用绿肥	种植绿肥一方面为农田提供肥料，另一方面可提高生物多样性
		5. 在农田周边进行植物景观的营建	通过植物景观的营建，一方面增加农田景观的丰富性，提高非农业作物观赏期的农田景观效果；另一方面提高农田斑块的生物多样性，同时在植物景观中多利用对作物虫害具有抑制、转移等作用的植物，辅助控制虫害

续　表

建筑斑块	特点	建筑斑块本身的生物多样性水平比农田斑块更低，绿化水平也较低。另外，由于建筑斑块的人类活动较多，对于外界环境的生态干扰也更加明显	
	问题	过度开发造成自然植被的破坏，同时在建设过程中绿化体量较小，使得斑块的生物多样性水平较低，需要外界的生物多样性输入	
	构建方法	1. 限制建筑斑块的面积	限制单个建筑斑块的面积，使其分散布局，以降低建筑斑块对于局部地区的负面影响
		2. 调整边界形状	使斑块边缘形成松散、曲折的形状，形成建筑斑块与外界植被交错的格局形式，增进建筑斑块与外界的联系，提高生物多样性输入的效率
		3. 引入小型自然植被斑块	提高斑块内部的景观异质性，并吸收人类活动的生态干扰，提高生物多样性

　　廊道元素：在确定廊道的走向、数目等基本内容之后，廊道的宽度以及自身的结构成为廊道构建的重要内容。包括生物多样性连接型廊道、保护型廊道、输出型廊道和干扰型廊道。

　　连接型廊道主要用于连接各个斑块，使生物多样性能够有效流通。因此，其构建主要需要体现其通过性，根据其功能和本身的特性（绿带廊道或者绿色河流廊道）进行构建（表 3 – 13、3 – 13）。

表 3 – 12　生物多样性连接型廊道（绿带廊道）构建分析（宁仁松，2011）

宽度	方法	将控制在 15～20m，园区内由于用地的限制，廊道的宽度难以全部达到理想的标准，可以利用合理化的廊道结构弥补廊道在宽度上存在的不足
	示意图	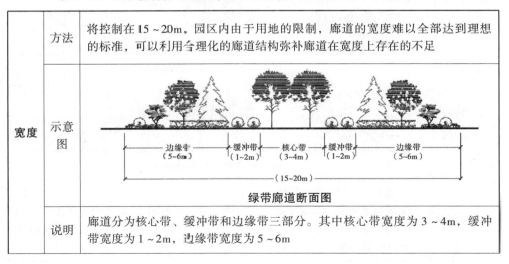
	说明	廊道分为核心带、缓冲带和边缘带三部分。其中核心带宽度为 3～4m，缓冲带宽度为 1～2m，边缘带宽度为 5～6m

绿带廊道断面图

（图中标注）边缘带（5~6m）　缓冲带（1~2m）　核心带（3~4m）　缓冲带（1~2m）　边缘带（5~6m）　（15~20m）

续　表

结构	方法	通过合理安排植物群落结构，形成外松内紧的廊道结构，增强廊道的通过性以弥补廊道宽度受到限制的缺陷
	示意图	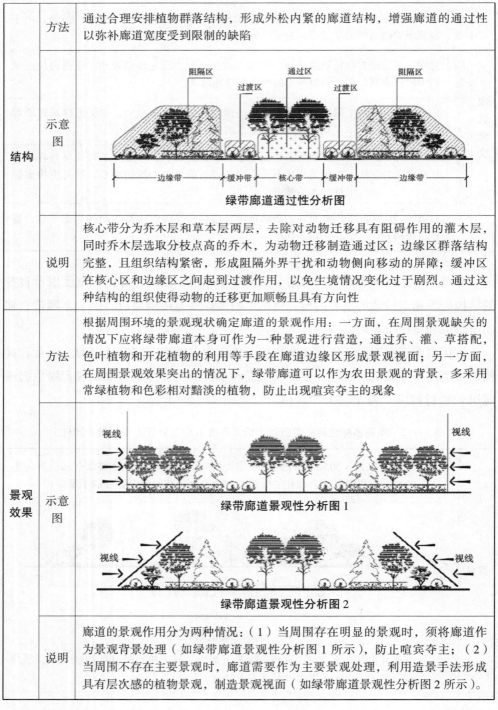绿带廊道通过性分析图
	说明	核心带分为乔木层和草本层两层，去除对动物迁移具有阻碍作用的灌木层，同时乔木层选取分枝点高的乔木，为动物迁移制造通过区；边缘区群落结构完整，且组织结构紧密，形成阻隔外界干扰和动物侧向移动的屏障；缓冲区在核心区和边缘区之间起到过渡作用，以免生境情况变化过于剧烈。通过这种结构的组织使得动物的迁移更加顺畅且具有方向性
景观效果	方法	根据周围环境的景观现状确定廊道的景观作用：一方面，在周围景观缺失的情况下应将绿带廊道本身可作为一种景观进行营造，通过乔、灌、草搭配、色叶植物和开花植物的利用等手段在廊道边缘区形成景观视面；另一方面，在周围景观效果突出的情况下，绿带廊道可以作为农田景观的背景，多采用常绿植物和色彩相对黯淡的植物，防止出现喧宾夺主的现象
	示意图	绿带廊道景观性分析图 1 绿带廊道景观性分析图 2
	说明	廊道的景观作用分为两种情况：（1）当周围存在明显的景观时，须将廊道作为景观背景处理（如绿带廊道景观性分析图 1 所示），防止喧宾夺主；（2）当周围不存在主要景观时，廊道需要作为主要景观处理，利用造景手法形成具有层次感的植物景观，制造景观视面（如绿带廊道景观性分析图 2 所示）。

表 3 – 13　生物多样性连接型廊道（绿色河流廊道）构建分析（宁仁松，2011）

主要问题	流通性差	农业园区现状中的河流廊道通常是出于灌溉目的而开凿的水渠，其流通性较差，水流速度较慢，对于生物多样性的流通不利
	水质恶化	由于外界农药、化肥以及生活垃圾等的影响，河道的水质趋于恶化，对水生生物的生存构成了严重威胁，生物多样性通过河道本身的迁移受到抑制
	河岸带植受损	由于部分农民的不合理开垦以及裁弯取直等河道整修工作造成河岸绿化带受到了严重的损害，使生物多样性通过河岸带的迁移受到抑制
构建对策	增强流通性和连续性	通过工程手段提高河流流通性，其中工程手段包括：疏浚河道、河道落差工程以及设置鱼道，以此提高河道本身的连通效果
	治理河道水质	通过水生生物的种植以及部分工程手段改善河道水质，增强河道的生物活性，为河道的生物多样性通过提供支持
	恢复河岸植被	河岸带用多种植物形成稳定的植物群落，在植物群落的构建过程中应注意植物的生活习性的适宜性（主要指耐水湿能力）以及多种植物物种的合理搭配，并注意植物群落结构的合理性，保证生物通过的顺畅性。此外河岸带植被对于农业污染具有较强的隔离作用，减轻河道的污染
对策分析	示意图	 连接型廊道（绿色河流廊道）断面图
	说明	滨水植物群落与土壤的湿度、光照、岸坡的稳定性以及水浪的冲击等因素息息相关。按照近水程度从高到低可以分为沉水植物群落、挺水和浮叶植物群落、耐水湿的草本群落和耐水湿的乔灌群落 利用浅滩的特殊生境构建湿生植被带，并在远离河道的部分构建乔灌植物群落（构建方式参考绿带廊道），并在整个河道的绿化带地表种植根系发达的草本植物，用以保持水土、过滤地表径流 在河岸植被带构建中应注意形成合理的物种通过空间，与河道一起增强河流廊道的连通效果

　　保护型廊道一方面主要用于保护输出型斑块的安全，使其免受外界生态干扰的影响；另一方面，还可以用于分割大面积的农田斑块以增加其景观异质性并减少其对农业污染对外界的干扰（表 3 – 14）。

表 3 – 14　生物多样性保护型廊道构建分析（宁仁松，2011）

构建原则	1. 针对性原则	根据外界干扰强度安排保护型廊道
	2. 结构紧密性原则	形成紧密的空间结构以抵御外界的干扰
	3. 生态性原则	尊重植物的生活习性，合理搭配
	4. 景观性原则	利用多种手段提高保护型廊道的观赏效果
构建方法	1. 根据周围环境的干扰强度为保护对象设置两种不同的保护型廊道，宽度分别为 30 ~ 40m（廊道 1）以及 15 ~ 20m（廊道 2），从而在满足保护作用的基础上控制保护型廊道的用地	
	2. 利用乔、灌、草三个层次的垂直结构搭配以及前、中、后三个层次的水平结构搭配形成多层次紧密的植物空间结构，对外界干扰进行有效的阻隔	
	3. 充分尊重植物的生活习性，合理配置，形成乔—灌—草合理搭配、常绿落叶合理搭配的健康稳定的植物群落	
	4. 合理利用植物色彩搭配，以及景观效果明显的植物物种，增强保护型廊道的景观效果	

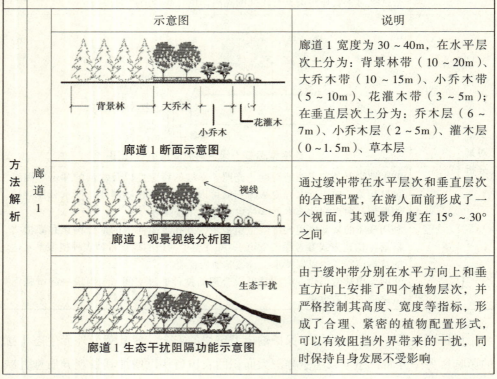

方法解析	廊道 1	示意图	说明
		廊道 1 断面示意图	廊道 1 宽度为 30 ~ 40m，在水平层次上分为：背景林带（10 ~ 20m）、大乔木带（10 ~ 15m）、小乔木带（5 ~ 10m）、花灌木带（3 ~ 5m）；在垂直层次上分为：乔木层（6 ~ 7m）、小乔木层（2 ~ 5m）、灌木层（0 ~ 1.5m）、草本层
		廊道 1 观景视线分析图	通过缓冲带在水平层次和垂直层次的合理配置，在游人面前形成了一个视面，其观景角度在 15° ~ 30° 之间
		廊道 1 生态干扰阻隔功能示意图	由于缓冲带分别在水平方向上和垂直方向上安排了四个植物层次，并严格控制其高度、宽度等指标，形成了合理、紧密的植物配置形式，可以有效阻挡外界带来的干扰，同时保持自身发展不受影响

续　表

方法解析	廊道2	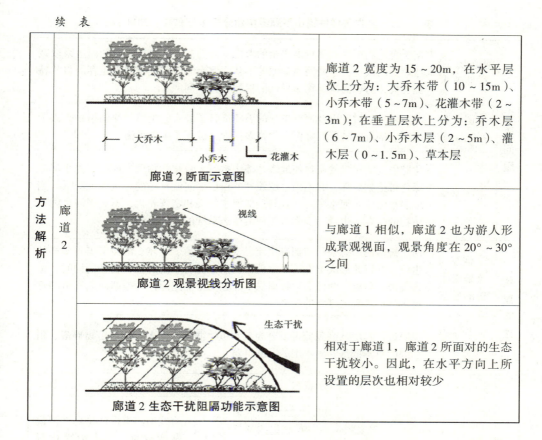	廊道2宽度为15～20m，在水平层次上分为：大乔木带（10～15m）、小乔木带（5～7m）、花灌木带（2～3m）；在垂直层次上分为：乔木层（6～7m）、小乔木层（2～5m）、灌木层（0～1.5m）、草本层
			与廊道1相似，廊道2也为游人形成景观视面，观景角度在20°～30°之间
			相对于廊道1，廊道2所面对的生态干扰较小。因此，在水平方向上所设置的层次也相对较少

廊道2断面示意图

廊道2观景视线分析图

廊道2生态干扰阻隔功能示意图

生物多样性输出型廊道在具有一定的通过性的基础上具有较高的生物多样性水平，可以对外进行生物多样性的输出。而且由于廊道本身具有的生物多样性传输功能，由廊道本身所积累的生物多样性对外传输的效率将更高。这对生物多样性输出型斑块是一个有效的补充。该种廊道主要为绿色河流廊道。为改善乡村环境脏乱差的情况，我国曾经采取过多种手段。其中针对河流的改造手段包括裁弯取直、添加硬质驳岸等。虽然在短时间内取得了整洁有序的景观效果，但是从长远角度来看并不利于河流生态系统生物多样性的保护以及自然化、多样化景观的营建。此外，由于缺乏足够的重视，农民私自占用河岸带、破坏河岸植被的现象屡见不鲜。由此引发的一系列景观和环境的问题值得人们重视（表3-15）。

表 3 – 15　生物多样性输出型廊道构建分析（宁仁松，2011）

主要问题	河道形态多样性破坏	出于土地利用便利和行洪安全的考虑，人们对原本曲折蜿蜒的河道采取裁弯取直的改造，致使河道弯曲的形状、滩涂等许多生物赖以生存的自然特征丧失，对于河流生物多样性的保持极其不利
	河道生态系统受损	河流驳岸的衬砌以及河畔植被的破坏损害了健康的生境，使动植物失去了生存、栖息的场所，降低了生物多样性，破坏了生态平衡
	水质恶化	化肥农药的过量使用致使地表径流中携带大量化学物质。同时，由于河岸绿化带遭到破坏，起不到过滤缓冲的作用，河流自净能力也大大降低。当地表径流入河水中时，容易造成河水污染和富营养化，不利于河道内动植物的生存，也进一步降低了河流生态系统的生物多样性
构建方法	1. 恢复河流蜿蜒曲折的形态	河流蜿蜒的形态使河道拥有主流、支流、河湾、浅滩、深潭等丰富多样的生境，并以此形成丰富的滨水植被类型，拥有丰富的植物物种的同时，也为鸟类、鱼类、两栖类动物提供了适宜的生存空间，对提高河流廊道的生物多样性具有关键性的意义
	2. 构建河道植物群落	按照近水程度从高到低可以分为沉水植物群落、挺水和浮叶植物群落、耐水湿的草本群落和耐水湿的乔灌群落

		示意图	说明
方法解析	河道形态恢复合理化	 **直线型河道设计模式平面示意图**	直线型河道设计将自然河道裁弯取直，并人为固化驳岸，破坏生境，影响植物生长和动物栖息，对生物多样性不利
		 蜿蜒型河道设计模式平面示意图	在蜿蜒型河道中，由于水流对两岸冲刷程度不同以及泥沙的沉积作用，在河岸附近形成了沙滩、浅滩、深潭等不同的生境，有利于生物多样性的富集
	植物群落构建	 **水域景观植物群落结构图**	利用水岸植物以及水生植物共同构成河道植物群落的完整结构，共分为四个层次：水岸植物、挺水植物、浮水植物和沉水植物

生物多样性干扰廊道的主要类型是道路廊道。绿色道路廊道主要由两部分组成，即道路本身和道路两侧的绿化带。道路本身在园区中起到疏导交通的作用，人流和车流导致道路对外界生态环境的负面影响较为明显，尤其是道路对于信息、能量流动的阻隔作用。相反的，道路两侧的绿化带恰恰可以减弱道路本身对于环境的负面影响。通过两侧绿化带的合理配置不仅可以阻隔、降低交通对外界环境的负面影响，同时也可以使得绿化带成为动物迁移的重要通道（表 3 - 16）。

表 3 - 16　生物多样性干扰型廊道构建分析（宁仁松，2011）

主要问题	1. 由于用地面积的限制，道路绿化带缺失，生物多样性较低
	2. 由于车行和人流造成的交通污染对外界产生生态干扰
	3. 道路对物种迁移具有明显的阻挡作用，影响斑块之间的联系
	4. 植物搭配单调，景观效果不明显
构建方法	1. 灵活处理道路绿化带的宽度，根据道路的不同宽度以及道路的功能等级设置适当宽度的绿化带，一方面满足绿色道路廊道本身的生态功能需要，另一方面尽可能地节省用地空间
	2. 利用道路两侧的绿化植物阻挡道路本身产生的生态干扰（废气、噪声、灰尘污染等），并利用植被合理安排形成的界面引导生态干扰向上传播，防止在道路内部形成内循环，加剧道路内部的污染
	3. 利用合理的辅助设施，帮助物种通过道路的阻隔，降低道路对生物多样性传播的干扰
	4. 调配道路与绿化带的位置关系，防止道路景观过于单调
方法解析	合理调配绿化

绿化带（15~20m）　道路（6~8m）　绿化带（15~20m）
一级道路廊道断面图

可通过

绿化带（15~20m）　道路（4~5m）　绿化带（3~4m）
二级道路廊道断面图

续　表

方法解析	合理调配绿化	说明：园区内道路根据作用和宽度的不同主要分为三个等级：一级道路，宽度为 6 ~ 8m，连接园区主要功能区，可车行；二级道路，宽度为 4 ~ 5m，功能区内部主要道路，仅人行；三级道路，宽度为 2 ~ 3m，游步道，仅人行。由于人行道路对外界的干扰不明显，不设置特别的绿化带
	隔挡生态干扰	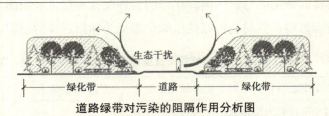 道路绿带对污染的阻隔作用分析图
		说明：道路两侧的绿化带在靠近道路的一侧的植物组合在垂直方向上层次紧密，利用常绿植物形成乔、灌、草相结合的模式，对污染气流的形成起到屏蔽作用。同时利用植物高差形成斜面，促使污染气流向上运动，防止污染气流一直停留在道路空间内加剧污染
	降低生态隔离	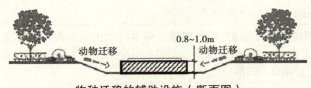 物种迁移的辅助设施（断面图）
		说明：可供动物通过的植物廊道与道路相交时，道路通常会对动物迁移造成阻碍，这时可以在道路下方设置直径 0.8 ~ 1.0m 的管道，使动物可以通过。管道设置的方向与动物迁移的方向相一致
	降低生态隔离	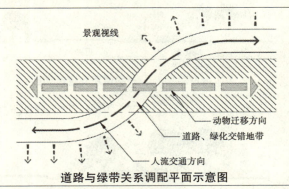 道路与绿带关系调配平面示意图
		说明：这种方式比较适合于二级道路，由于二级道路的绿带主要集中在一侧，该方法可以平衡道路两侧的景观。在道路和绿带的交错中绿带保持原有的方向不发生变化，而道路方向则出现转折。这样有利于保证物种迁移运动的通畅性，也有利于丰富游人在行走过程中的景观体验

（二）物种选择

农业园区生物多样性构建的物种选择在很大程度上影响着园区生物多样性的构建。由于在园区建设中通常以植物种植为主要手段，因此在生物多样性构建中也同样通过增加园区植物种类对整体生物多样性的水平产生影响。物种规划主要从两个方面入手：景观植物种类和农作物种类。

1. 景观植物

这里的景观植物统称农业园区中除农作物之外的所有植物，在农业园区的植物种类中占有较大比重。景观植物是构成园区景观元素的基本组成部分，对于景观元素功能的发挥具有巨大影响。因此，应当以景观元素的构建需要为出发点进行景观植物的物种选择。

选择景观植物应遵循以下几条原则：适宜性原则、美观性原则以及功能性原则（表 3 – 17）。

表 3 – 17 景观植物选择原则（宁仁松，2011）

原则	内容
适宜性原则	1. 宏观适宜性：指植物对园区所在区域的环境自然条件的适宜性 2. 微观适宜性：指植株对于其所在的小环境的适宜性
景观性原则	1. 植物的色彩：包括植物花、果和叶的颜色 2. 植物的季相变化：如植物的落叶、叶色变化等 3. 植物的姿态：如植株的分枝点高低、冠幅的大小等
功能性原则	1. 保持水土：利用植被防止水土流失 2. 净化空气：在空气污染严重的区域通过植物栽培吸烟滞尘 3. 净化水体：在受污染的水体中具有较强的生命力，并能够使水体质量得到提高 4. 抗病虫害：对害虫具有明显的杀灭、抑制、驱赶作用的植物

2. 农作物

农作物是农业园区内最主要的植物类型，对于农业园区的产业发展具有至关重要的作用。但是在传统的农业园区生产中农作物通常品种单一，并且同一种作物大面积种植，生物多样性水平低，容易造成病虫害的泛滥，也不利于园区游憩景观丰富性的提升。因此，着力提高园区农作物的多样性十分必要（表 3 – 18）。

表 3 - 18　农作物物种选择分析（宁仁松，2011）

主要问题		传统的耕作方式造成大面积单一物种的种植，而且为了保证农作物的营养、水分等资源供给，农民通常杜绝农田内有任何非农作物的植物种类，由此造成农田的生物多样性水平较低
物种选择	主要作物	增加主要作物的种类，防止大面积单一物种种植造成的病虫害爆发，种植具有不同观赏期的作物种类，减轻农田景观的季节性问题
	次要作物	添加具有明显经济效益的作物，对园区经济效益有提升；选取具有生产作用之外的特殊功用的作物，对主要作物有辅助作用
搭配形式	间作套种	充分利用农田的空间资源，应考虑植物空间尺度上的相互作用
	轮作	充分利用农田的时间资源，应考虑植物时间尺度上的相互作用

　　农业园区中通常存在一个或几个主要的作物种类，该种作物种类通常是当地农业生产的主要作物种类，同时在当地的乡村文化传统中具有重要地位，可以形成具有明显当地特色的植物景观。但是由于单一物种的大面积种植也造成了病虫害泛滥难以控制和景观效果单一的问题。尤其是农业园区作物景观具有明显的季节性，在非主要观赏季节中农作物的景观效果一般。而如果园区作物品种单一的话，这种景观的季节性差异则会被放大。相反，如果丰富作物物种，可以降低病虫害爆发的危险，减少农药使用量，提高农产品的食品安全性；还可以使不同作物在不同季节发挥景观效果，降低景观的季节性的差异，使园区景观更加多样化，而园区也可以在不同的时节开展与当时处于主要观赏期的作物相对应的主题活动吸引客源。例如上海地区早春季节有桃花、油菜花等，而在夏季阶段则有玫瑰等观赏效果强、经济效益好的经济作物，如果将它们有机结合则可以丰富园区的景观，提高经济效益。

　　除了主要的作物种类之外，园区内通常还同时种植一些次要的作物，例如利用农田边缘的空地种植蔬菜等。在选取这些次要作物时需要注意两方面的问题，即经济效益和生态效益。

　　经济效益即要求次要物种在种植面积受到限制的情况之下仍可以为园区的第一产业提供支持或者对当地农民的生活具有明显的改善作用。

　　生态效益要求次要物种不能够影响主要物种的正常生长，不能够影响主要作物的产量。例如胡桃科植物对周围的植物种类具有明显的毒害作用，因此不适合与其他作物搭配种植（廖启荣，1999）。除了直接的影响之外，作物之间还会产生间接作用。例如向日葵对桃树的主要害虫桃蚜螟具有明显的吸引作用，使得桃蛀螟在产卵期转移到向日葵上为害，农民可以在这个时期进行集中毒杀，而不会影响主要作物桃的产品质量（文丽华等，2002）。

参考文献

［1］崔兆杰，司维，马新刚．生态农业模式构建理论方法研究［J］．科学技术与工程，2006，6（13）：1854－1857.

［2］李振岐．植物免疫学［M］．北京：中国农业出版社，1995.

［3］骆世明．农业生物多样性利用的原理与技术［M］．北京：化学工业出版社，2010.

［4］宁仁松．都市型观光农业园区的生物多样性构建研究——以上海浦东新区果园村生态果园为例［D］．上海交通大学博士论文，2011.

［5］卫丽，屈改枝，李新美，等．作物群落栽培技术原则和现状［J］．中国农学通报，2004，20（1）：7－8，24.

［6］文丽华，刘海清，孙子凤，等．桃蛀螟生活史及防治策略［J］．天津农林科技，2002，2（17）：20－21.

［7］吴人韦，杨建辉．农业园区规划思路与方法研究［J］．城市规划汇刊，2004（1）：53－56.

［8］俞孔坚．生物多样性保护的景观规划途径［J］．生物多样性，1998，6（3）：205－212.

［9］章家恩，骆世明．农业生态系统模式研究的几个基本问题探讨［J］．热带地理，2000，20（2）：102－106.

第四章 农业生物多样性构建的模式

虽然不能够与当今九大类全球主要环境问题相比（全球变暖、臭氧层破环、酸雨、热带雨林的消失、野生物种的减少、海洋污染、危险废物越境转移、土地沙漠化、发展中国家的环境污染），但是，农业生态系统中生物多样性的损失同样也是一个非常重要的问题，不幸的是其并没有受到很多的关注。本章介绍农业生物多样性的再构模式。

第一节 品种多样性构建的模式

构建稻、麦系统遗传多样性就是要求同田同种作物最大限度做到遗传基础异质。一般采用抗性品种单作模式、多品种混合种植或条带状相间种植模式、多系品种模式。

一、抗性品种单作模式

水稻生产实践证明，利用抗性品种是防治稻瘟病经济有效的措施，也符合人类对绿色食物的要求。20 世纪 50 年代，日本实施"高抗稻瘟病"育种计划，从中国引进稻种荔枝江和美国稻种 Zennith 进行抗瘟性育种，经过近 10 年时间育成了草笛、福锦等一批高抗稻瘟病品种，但它们推广 3 ~ 5 年后都相继感病化。韩国于 1971 年开始推广矮秆、大穗、抗瘟、高产"统一系统"的品种，1976 年当该系统品种推广至韩国水稻面积的一半以上时，开始发生稻瘟病，至 1978 年大面积发生（Ou，1985）。中国福建 1971 年引进珍龙 97，在连续种植 3 ~ 4 年后，出现感病化。四川 20 世纪 70 年代末推广抗病高产的杂交稻汕优 2 号，1984 年推广面积占杂交稻面积的 82 %，1984—1985 年该品种出现稻瘟病大流行，损失稻谷 3.75 亿公斤；1986 年以后穗瘟发生面积达 30 多万公顷，损失稻谷 15700 吨，占全季病虫害总损失的 45 %，于是换用了以明恢 63 为恢复系的汕优 63，D 优 63

等，至 1992 年也发现 63 系统感病化（陶家凤，1995）。1992 年，湖南早稻当家品种浙辐 802、湘早籼 6 号等感病化。由以上实例可以看出，抗性品种大面积单一种植，容易招致品种在短期内感病化，即在三五年内抗瘟性丧失（Ou，1985；彭绍裘和刘二明，1993；陶家凤，1995；孙漱沅和孙国昌，1996）。为了延长抗性品种的使用寿命，达到持续控制稻瘟病危害的目的，植物病理学家们在利用品种抗性遗传多样性方面做了大量的研究工作。

二、多品种混合种植和条带状、斑块状相间种植模式

到目前，无论是在小麦、燕麦和大麦，还是在水稻上，利用作物遗传多样性防治病害，不外乎把具有不同小种专化抗性的基因型（品种）混合（山崎义人和高坂卓尔，1990；Mew et al.，2001），其中包括了种子完全混合播种和条带状、斑块状相间种植两种模式。这个方法是基于在混合群体中没有一个病原小种对所有的寄主基因型都是有非常高的毒性的假设。因此，病害流行的速率就会减慢，经济阈值（Economic threshold）有望降低。根据作物遗传多样性的研究与应用实践，其作物遗传多样性控制病害的机制可归结如下（Zhuge et al.，1989；沈英等，1990；Mew et al.，2001；刘二明等，2002）：一是稀释了亲和小种的菌源量；二是抗性植株的障碍效应；三是诱寻抗性的产生，如稻瘟病菌非致病性菌株和弱致病性菌株预先接种，能诱导抗性，减轻叶瘟和穗瘟。在品种间混合间栽中，除有上述机制外，还有微生态效应，如间栽品种高于主栽品种，使得间栽品种穗部的相对湿度降低，穗颈部的露水持续时间缩短，从而减少适宜的发病条件等。

图 4 - 1　中国云南水稻多品种斑块状相间种植模式（引自朱有勇等，2003）

图 4 - 2　中国云南水稻多品种条带状相间种植模式

A：杂交稻间栽糯稻；B：四到六行杂交稻间栽一行糯稻模式（引自朱有勇等，2003）

图 4 - 3　中国云南水稻多品种条带状相间种植模式示范（引自朱有勇等，2003）

三、多系品种模式

在农业中，首先倡导遗传多样性应用的是 Jensen（1952），他提出了多系麦（*Avena sative*）品种的概念。这种多系品种是基于表型一致而选择的多基因型混合体，但作为其他特征，如抗病性，则尽可能地具遗传多样性。随后，利用回交的方法分别育成含对锈病（*Puccinia* spp.）小种专化抗性不同基因的小麦和燕麦多系品种（Chen，1967）。

在麦类中，多系品种已明显获得商业化的成功（Mew et al.，2001）。然而，最近注意到的品种混合利用，在混合组分中没有进一步选择表型一致性，混合品种的优势超过多系品种，Martin和他的同事对此有过精确的描述（Browning and Frey，1981；Mew et al.，2001）。最重要的是品种混用不需要为农艺性状进行额外的育种，因此，大多数农艺性状优越的，且具有抗病性反应呈多样性基因型的这些品种能很快获得抗病性的多样性，而在同一丘地里被栽培的又有足够的相似性；作为被改良的一个新品种又很容易添加到混合群体中。此外，与回交系的混合系比较，在一个品种混合系中另增加的遗传多样性出现，可能既提供了对主要病害的防治又提供了对次要病害的防治，同时也限制了多个毒性小种的进化。通过组合品种，利用不同的资源，从而提供了协同增产的可能。

在水稻中，20世纪80年代以前，利用水稻品种遗传多样性防治稻瘟病基本上处在应用基础和基础理论研究阶段。这个时期主要受小麦多系品种和品种混栽的理论与应用的启发。在稻瘟病防治研究上提出利用抗性遗传多样性的主要策略为（山崎义人和高坂卓尔，1990）：把具有互不相同的抗性基因的品种和系统，机械地进行有计划混合的"多系品种"利用和"多系混合栽培和交替栽培"。在具体操作上有（山崎义人和高坂卓尔，1990）：一是确定抗病基因混合比例的方法。这里包括：根据病原菌优势小种的方法；根据许多系统随机混合的方法；根据病原菌各小种频率变化比例的方法；其他方法，如冈部和桥口1967年根据决定抗性基因混合比例的运筹学的竞争模式理论提出的最佳方法。二是使寄主受害最小的方法。三是混合方式。混合方式有两种，一种是每穴或者一洼内含各种基因型的完全混合形式，另一种是将各个基因型分开，每一个系统取一小部分以小区为单位来栽培，使整个地区成为镶嵌模样的混合形式。四是对空间和时间因素的考虑。另外，也提出了"超级小种"（Super – race）出现的可能，但到目前为止还没有这方面的报道（Mew et al.，2001）。20世纪80年代以后，水稻品种遗传多样性的利用进入了实质性的研究阶段。

经过较长时期的探讨，自20世纪80年代以后，作物品种遗传多样性的方法开始进入商品农业实质性应用阶段（Mew et al.，2001）。多系品种已被用于防治咖啡、燕麦和小麦的锈病。而现在更强调品种混合的利用，原东德从1981年开始利用大麦品种混合防治白粉病（*Erysiphe graminis*），到1990年发展面积大约300000hm^2。相应白粉病的严重度从1980年的50%下降到1990年的10%。在美国俄勒冈（Oregon），到 1998 年秋，软白冬小麦播种面积的 10% 是品种混合，即 32000hm²（Korn，1998）；华盛顿州软白冬小麦播种面积的 12.7% 是品种混合，即 96000hm²，该州棒状小麦的 76%，即 62000hm² 播种多系品种 Rely。近年在欧洲一些国家品种和种间混合也正获得广泛的推广。

水稻品种防治稻瘟病抗性遗传多样性的商业化利用自 20 世纪 90 年代以后起步。在日本，第一个命名为 Sasanishiki BL 的多系品种于 1995 年投放生产并用于稻瘟病防治，1996 年获正式登记（Mew et al.，2001）。这个多系品种除轮回亲本 Sasanishiki 含抗性基因 $Pi-a$ 外，9 个近等基因系（NILs）含 9 个完全抗性基因（$Pi-i$、$Pi-k$、$Pi-ks$、$Pi-km$、$Pi-z$、$Pi-ta$、$Pi-ta2$、$Pi-zt$、$Pi-b$），在 9 个完全抗性基因中，$Pi-k$ 基因几乎缺乏完全抗性的效果。1995 年首先将 8 个近等基因系的 3 个品系（$Pi-i$、$Pi-km$、$Pi-z$）按 4:3:3 混合作一个多系品种利用，1996 年改变比例为 3:3:4；从 1997 年起，$Pi-zt$ 品系加入到上面的 3 个品系中，其基因型为 $Pi-zt$、$Pi-i$、$Pi-km$ 和 $Pi-z$，按 1:1:4:4 混合作一个多系品种利用。这些多系品种投放生产以后，整个水稻生长期只需防治穗瘟一次，而常规的水稻品种一般需防治 4~5 次。

1997 年，在日本北部 Miyagi 地区，水稻多系品种的栽培面积达 5453 hm²。到 2000 年，日本选育了 15 个多系品种，已投放生产使用的有 4 个。

第二节　物种多样性构建的模式

一、玉米马铃薯多样性优化种植控病增产技术

（一）主要技术内容

1. 品种选择

玉米选择株型紧凑、双穗率高、株高中等大穗型品种。马铃薯选择株型紧凑、耐阴性强，适销对路的品种。

2. 种植节令

可采用先播种马铃薯后播种玉米和先播种玉米后播种马铃薯两种方式。先播种马铃薯最佳节令在 2 月 25 日至 3 月 5 日，后播种马铃薯在 8 月 1 日至 8 月 10 日，玉米播种按正常节令进行，为 4 月 25 日至 5 月 10 日。

3. 种植方式

马铃薯与玉米种植方式为"四套四"或"二套二"模式，马铃薯种植规格为行株距为 0.6m×0.25m；玉米规格为 0.4m×0.2m。

4. 田间管理

（1）肥水管理。

每亩施用腐熟的优质农家肥 2000 千克，复混肥（N∶P∶K 为 10∶10∶10）80～100 千克。

（2）中耕管理。

马铃薯出苗一个月左右第一次中耕、培土，间隔一个月后，马铃薯团棵期进行第二次中耕、培土。适时收获：马铃薯叶片脱落、茎干开始枯死时，选择晴天及时进行收获。

图 4-4　云南玉米马铃薯多样性优化种植模式示范（朱有勇摄，2010）

（二）技术特点及应用效果

"天拉长""地变宽"，应用效果显著。马铃薯提前常规播种 50 天左右，2 月下旬播种，7 月上旬收获；马铃薯推后常规播种 60 天左右，8 月上旬播种，10 月下旬收获。马铃薯播种提前和推后避开了云南雨季高峰期段，使马铃薯晚疫病发病高峰期与雨季高峰期错位，有效减少晚疫病危害，增加产量。玉米套种的马铃薯收获后，玉米行距变宽，增加了玉米的通风透光，降低了田间湿度和结露面积，减少了玉米病害的流行危害，增加产量。2005 年以来实验的结果表明：玉米马铃薯优化种植百亩超吨粮，即玉米产量 700 千克/亩，马铃薯产量 1500 千克/亩（折合粮食 300 千克/亩），同一生长季节两者产量实现吨粮。千亩面积折合产粮 900 千克/亩，玉米 600 千克/亩，马铃薯 1500 千克/亩；万亩面积折合产粮 800 千克/亩，玉米 550 千克/亩，马铃薯 1250 千克/亩。避开马铃薯晚疫病危害，降低有效发病率 50% 以上，降低病情指数 61.3%。减少玉米大小斑病危害，降低发病率 43.7%，降低病情指数 37.5%，减少农药使用量 78.2%。

二、烤烟玉米（马铃薯）时空优化种植控病增产技术

（一）主要技术内容

1. 烟后种植玉米技术规程和标准

玉米品种选用耐病、早熟、高产品种。播种时间在烤烟下二棚烟叶采完播种（7 月中旬）或育苗移栽，保证玉米在 10 月中旬安全抽穗结实。

（1）种植规格。

单行种植，即每个烟墒种植一行玉米。玉米行距 1.2 米，株距 30cm，每穴播 2 粒种子，每亩烟地可种植 3500～3700 株玉米。双行种植即在烟墒两边种植玉米。玉米行距 60cm，株距 40cm，每穴播 2 粒种子，每亩烟地可种植 4000～4500 株。

（2）肥水管理。

在烤烟最后一次采烤前每亩用尿素 5 千克兑水 300 千克进行灌根提苗；烤烟叶片采收完后，及时去除烟秆，结合中耕培土每亩施尿素 20～25 千克。

（3）病虫害防治。

注意防治小地老虎和蝼蛄及防治玉米螟。

2. 烟后种植马铃薯技术规程和标准

马铃薯品种选用早熟丰产、株型紧凑、抗病耐寒的品种。用大小适中已通过休眠的小整薯作种。种薯处理用 40% 福尔马林液 1 份加水 200 倍，喷洒种薯表面进行消毒；或浸种 5 分钟后，用薄膜覆盖闷种 2 小时，薄摊晾干。播种时间为烤烟采摘到上二棚烟叶时播种（8 月上旬）。种植规格是在烟墒垄面两侧双行种植，株距 30cm。肥水管理为苗齐后及时追肥，后期如有脱肥，可用磷酸二氢钾（1%）的溶液根外追肥。适时收获，大部分茎叶转为枯黄时，择晴天收获。

（二）特点及应用效果

变革了耕作制度，充分发挥烟田土壤、雨水和热量资源条件，变一年两熟为

图4-5　云南烟后玉米多样性优化种植模式示范（朱有勇摄，2010）

三熟，多增加一季粮食产量，提高土地利用率84%。玉米（马铃薯）晚播使病害发生高峰期和降雨高峰期错位，降低病害发生流行，减少化学农药使用量。多年试验结果表明：烟后优化种植玉米百亩面积多增加产量450千克/亩，千亩面积增加产量400千克/亩，万亩面积增加产量300千克/亩。晚播避开雨水高峰，降低马铃薯晚疫病有效发病率30%以上，降低病情指数27.3%。减少玉米大小斑病危害，降低发病率38.7%，降低病情指数26.5%，减少农药使用量64.2%。

三、蔗前玉米（马铃薯）时空优化种植原理与方法

（一）主要技术内容

1. 蔗前玉米种植技术规程

玉米品种选早熟、矮秆、株型紧凑类型（如：耕源早1号、寻单7号、会单-4号等）或地方早熟甜、糯玉米；甘蔗品种选用当地主推良种。播种时期，冬植蔗11月初至翌年1月底下种，春植蔗2月初至3月底下种，然后播种玉米。种植规格，一般采用"隔二间一"种植方式。甘蔗行距90cm，每亩下种10000芽左右，最终亩有效茎5500～6000条；玉米塘距35～40cm，每塘2株，保证玉米每亩1800～2200株。田间管理，肥水管理和病虫防治按甘蔗和玉米的常规高产

图 4 - 6　云南烟后马铃薯多样性优化种植模式示范（朱有勇摄，2010）

措施进行。收获管理，甘蔗和玉米的共生期不宜超过 100 天。玉米应在甘蔗封行以前收获，然后进行甘蔗追肥培土。

2. 蔗前马铃薯种植技术规程

马铃薯品种选用会 - 2、米拉、大西洋等；甘蔗品种选用当地主推良种。马铃薯播种时期 12 月至次年 1 月。马铃薯每亩用种量 60 ~ 70 千克，塘距 20 ~ 25cm；马铃薯下种时预留甘蔗行距 90 ~ 100cm，甘蔗每亩下种 8000 ~ 10000 芽，最终亩有效茎 5000 ~ 6000 条。肥水管理和病虫防治按马铃薯和甘蔗的常规高产措施进行。马铃薯在次年 4 月至 5 月收获，然后进行甘蔗追肥培土。

（二）特点及应用效果

变革了耕作制度，充分发挥甘蔗前期蔗田热量资源条件，变一年一熟为两熟，多增加一季粮食产量，提高土地利用率 63%。玉米（马铃薯）早播避开病虫害发生高峰期和降雨高峰期重叠期，降低病虫害发生流行。甘蔗与玉米混种，混淆了玉米螟对寄主品种的识别，有效地控制了玉米螟的流行危害，减少化学农药使用量。多年试验示范结果表明：蔗前优化种植玉米百亩面积可增加产量 300 千克/亩，千亩面积增加产量 250 千克/亩，万亩面积增加产量 200 千克/亩。马铃薯百亩面积可增加产量 1200 千克/亩，千亩面积增加产量 1000 千克/亩，万亩

图 4 – 7　云南蔗前玉米多样性优化种植模式示范（朱有勇摄，2010）

图 4 – 8　云南蔗前马铃薯多样性优化种植模式示范（朱有勇摄，2010）

面积增加产量 800 千克/亩。早播避开雨水高峰，降低马铃薯晚疫病发病率 70%以上，降低病情指数 58.1%。减少玉米大小斑病危害，降低发病率 68.7%，降低病情指数 46.2%，减少农药使用量 78.2%。

第三节　生态系统及景观多样性构建的模式

云南省永胜县位于滇西北，干热区主要包括涛源、太极、片角、期纳、程海、仁和等 6 个乡镇，总面积 2007km²，属金沙江水系低热流域。该区主要地貌类型为金沙江河谷阶地、断陷盆地（坝子）、中低山地和湖泊，海拔高度 1063~1560m 为农耕区（以干热河谷、坝子为主），年均气温为 18.6℃~20.6℃，年降雨量 550.6~800mm，农作物以稻谷、玉米、蚕豆和小麦为主，1 年两熟至三熟，经济作物以甘蔗、烤烟和冬早蔬菜等为主，经济林果有龙眼和荔枝等。海拔高度 1560m 以上为林牧区，气候以中凉和中热型为主，农作物以玉米、水稻、蚕豆、小麦和马铃薯为主，经济作物有油料、花生和大麻等。干热区光照足、热量高，冬季气温较暖，春季气温回升快，夏秋季雨热同季，但整体干热区属少雨区范围，其特点降雨少、蒸发量大、旱季长、气候干燥是制约该区农业生产的主要因素。从景观规划理论而言该区资源、景观跨度大且变化多，经济和生态功能丰富多样，其学术研究和实际应用价值较高（王锐等，2004）。

一、农业景观生态规划目标

金沙江干热区自然生态条件差异很大，旱坪和坝区是全县光热条件最好、生产潜力最大的农业区，已开发利用土地面积仅占该区可开发利用土地资源的 29%，尚未得到很好开发利用。而中低山地、干热河谷等区域生态承载力相对较小，面临日益严重的人口压力、生态退化和经济贫困，规划时应以生态功能恢复和保护为主。如程海是云南高原八大湖泊之一，水质特殊，对调剂永胜县区域小气候和保持生态平衡极为重要，可增加周围坝子湿润度而形成局部半湿润生态环境，程海湖区光、热、土地和生物资源丰富，具有农、林、牧、渔、藻适生并存特点，综合开发价值与潜力很大。但程海也面临生态失调的问题，即蒸发量大于来水量，水位不断下降。该区农业景观生态规划需进行环境调控工程建设，建成以粮、经、鱼、藻为主的干热河谷湖盆生态农业，逐步恢复和增强农业景观生物生产、经济发展、生态平衡和社会持续 4 大功能，进一步开发利用干热区光热、土地资源，治理、恢复程海蓄水量和生态环境，建立合理的生态—经济循环；通过调整土地利用空间，减轻中低山和峡谷地区的生态压力，逐步建立空间合理的生态经济系统（王锐等，2004）。

二、干热区农业景观区划

该区域可分为河谷阶地、断陷盆地（坝子）、中低山地和湖泊 4 个分区，具有差异明显的景观生态特征。干热河谷阶地主要位于金沙江及其 1 级支流分布的海拔高度 700~2000m 低中山峡谷地段，主要气候特征是高温、干旱和少雨，土壤极易遭侵蚀，而植被破坏使土壤加速侵蚀，加剧了生态环境的破坏。按海拔高度和生态类型可将河谷阶地分为海拔高度 700~1000m 左右极端干热的狭窄河谷底部和海拔高度 1000~1500m 干热旱坪，前者主要景观由原生硬叶常绿阔叶林演替为次生灌丛景观，而旱坪光、热条件优越，是干热区重要农、经作物产区，但不能保证灌溉，农业生产潜力开发受到极大限制。断陷盆地（坝子）海拔高度约 1200~1600m，地势平缓，水热条件好，土层深厚而肥沃，耕作历史悠久，坝区水田分布较多，多呈长方形且形状较规则，盆地边缘山地有水田分布形成梯田景观，绕山体呈半环状，是干热区主要人类居住地。中低山地主要位于海拔高度 1500m 以上地区，其中海拔高度 1500~2000m 的山地主要为干热植被所覆盖，海拔高度 1500~1760m 为旱作农耕地带，海拔高度 2000m 以上为常绿阔叶林和松林，中低山地海拔相对高差和地形坡度较大，蓄水条件差，气温较低且垂直差异较大，耕地少且基本为旱地和坡耕地景观，为该县主要林区和牧区。由于频繁的人类干扰使中低山地生态恶化，人畜饮水困难，林、牧业优势难以发挥（王锐等，2004）。

三、选择持续农业技术体系

持续农业的基本目标是生物物质的产出，而多样化选择生态、经济合适的生物品种，且空间和时间适当匹配，是保证农业经济—生态功能的基础。该区应首先遵照多样化原则和市场原则选择最佳适生生物品种，然后进行生物种群匹配和群落空间安排，采用环境调控技术充分利用干热区江、河、湖水资源，合理布局引水、蓄水和提水工程，如提水站、电灌站、输水渠、水库和坝等。在坝区等水分条件较好地方建立稻—鱼生态系统可大幅提高单位土地经济产出，在适合中低山地以及气温适宜干热河谷旱作玉米间作套种豆类和薯类等作物，可进一步提高光能利用率和土地产出率，并可种植小春喜凉作物如小麦和蚕豆等。干热区经济作物主要有烤烟、香料烟、甘蔗和棉花等，若能解决水分灌溉问题，可在旱坪规划发展与市场需求相应的经济作物。程海特殊水质适合生长蓝藻，其市场前景很好，该区鱼类适生品种众多，主要有银鱼、高背鲫鱼、草鱼和鲢鱼等，水库、池塘养鱼可形成稻—鱼、蔗—鱼生态农业模式，利用生态位互补和物质循环，提高空间和物质利用效率。此外该区经济林、用材林、薪炭林和防护林有大量适生品种与野生资源，如干热区海拔高度1100～1560m范围内温度、日照、相对湿度、昼夜温差和旱坪深厚的沙壤土均适合龙眼种植，在解决水资源问题后可建立集约经营龙眼生产基地（王锐等，2004）。

四、持续农业景观规划与设计

根据持续农业景观规划和原则，永胜干热区规划一是建设旱坪—坝区—湖盆集约化生态农业区，该区是干热区主要经济发展和人口承载地区，生态农业景观规划应注重治理、恢复程海水量和生态环境，建立旱坪—坝区—湖盆良性生态经济循环，旱坪和坝区耕作区以粮食作物为主要景观基质，镶嵌甘蔗、香料烟和龙眼等经济作物斑块。旱坪十分易于景观规整，可利用机耕提高劳动效率，并根据不同农业景观相应安排水源支持。在旱坪—坝区边缘可布局经济林果和薪炭林，如在临近村镇、集市、交通方便的地方发展龙眼、滇橄榄等经济林木和亚热带水果，在居民集中坝区周围山地布局薪炭林。程海及其周围流域盆地具备典型立体农业环境，可规划为程海鱼藻区、环海农耕区和山地林牧区。鱼藻立体农业景观以银鱼生产和藻类蛋白开发为主体，但必须采取环境调控措施如引永胜县北部湿润区地表水对程海补水，但补水渠道应利用原有河道入湖，同时加强渠道水土防护，以减少人为工程对环境带来的干扰。由于程海湿润蒸发水汽随西南风移动，故其南岸农耕区需建设提灌工程及渠道。二是建设山地生态恢复与农—林—牧复合生态农业区，海拔高度1500～1760m中暖山地光热、水源、地形条件较好的局部区域以斑块形式分布旱作农业，镶嵌于经济林和薪柴林景观中；海拔高度1760m以上大部分山地应退耕还林还草，结合人口迁移减轻人口压力，以恢复山地生态功能，其中海拔高度1760～2230m范围内中低山半湿润区应营造乔、灌、草复合植被，结合改良草场发展畜牧业，而海拔高度2230m以上山区属现有森林更新良好的宜林地或较易恢复森林地段，应采用人工造林或飞播与天然迹地更新相结合发展用材林。三是建设干热河谷生态保护与恢复区，采用乔、灌、草结合进行小流域治理是恢复该区基本生态环境功能的唯一手段，根据不同海拔高度、湿润度可安排相应复合植被，海拔高度 2230m 以上湿润区种植以云南松（阳坡）和华山松（阴坡）为主的复合植被；海拔高度 1760～2230m 半湿润区种植以云南松和油杉为主的复合植被；海拔高度 1760m 以下半干旱区种植以桉树和滇橄榄为主的经济林（王锐等，2004）。

参考文献

［1］刘二明，朱有勇，刘新民．丘陵区水稻品种多样性混合间栽控制稻瘟病研究［J］．作物研究，2002，16（1）：7-10.

［2］彭绍裘，刘二明．作物持久抗病性的研究进展与战略（一）［J］．湖南农业科学，1993（1）：14-16.

［3］山崎义人，高坂卓尔．稻瘟病与抗病育种［M］．北京：农业出版社，1990.

［4］沈英，黄大年，范在三，邱德文，王金霞，邹勤．稻瘟菌非致病性和弱致病性菌株对稻株诱导抗性的初步研究［J］．中国水稻科学，1990，4（2）：95-96.

［5］孙漱沅，孙国昌．我国稻瘟病研究的现状和展望［J］．植保技术与推广，1996，16（3）：39-40.

［6］陶家凤．稻瘟病菌致病性变异研究现状（评述）［J］．四川农业大学学报，1995，13（4）：518-521.

［7］王锐，王仰麟，景娟．农业景观生态规划原则及其应用研究［J］．中国生态农业学报，2004，12（2）：1-4.

［8］Browning J F, Frey K J. The multiline concept in theory and practice. In Strategies for the Control of Cereal Disease, Jenkyn J F and Plumb R T eds（Oxford：Blackwell Scientitle Publications），1981：37-46.

［9］Chen, D H. Studies on physiologic races of the rice blast fungus *Piricularia oryzae* Cav［J］．Bull Taiwan Agric Res, 1967, 17：22-29.

［10］Jensen N F. Intra-varietal diversification in oat breeding［J］．Agronomy Journal, 1952, 44：30-40.

［11］Korn V G. Oregon Agriculture& Fisheries Statistic.［Salem（OR）］. 1998, 1997-1998.

［12］Mew T W，Borrmeo E，Hardy B. Exploiting biodiversity for sustainable pest management. International Rice Research，2001.

［13］Ou S H. Rice Disease（2nd edn）.（Kew U K：Common－wealth Myco-logical Institute），1985.

［14］Zhu G，Gen Z，Bonmam J M. Rice blast in pure and mixed stand of rice varietyes［J］. Chinese J Rice Sci，1989，3：11－16.

第五章　利用农业生物多样性持续
控制有害生物

　　人类的生存与发展依赖于自然界多种多样的生物。生物多样性是地球经过几十亿年进化发展的结果。它不仅为人类提供了粮食、材料、能源等生活、生产基本需求，而且在调节气候、改善环境、消除污染等方面为人类的健康生衍提供了不可替代的物质基础（陈海坚等，2005）。农业生物多样性是以自然多样性为基础，以人类的生存和发展需求为目的，以生产生活为动力而形成的人与自然相互作用的生物多样性系统，是生物多样性的重要组成部分（Qualset et al，1995）。

　　农业发展基本经历了传统农业、绿色革命、石油农业等几个发展阶段。石油农业为解决人类食物严重不足做出了巨大贡献，但也带来了一系列诸如环境污染、食品安全、生物多样性减少、资源衰竭等影响地球人类可持续发展的严重问题（陈欣等，2002；李琪和陈立杰，2003；王小艺和沈左锐，2001；梁文举等，2002；Xu et al.，2001）。目前粮食的高产量都是以高能耗换来的。联合国粮农组织的资料表明，石油农业使水稻单产提高 4 倍，而投入能量却增加了 375 倍。西德小麦单产从 1955 年的 2.7 t/ hm² 到 1980 年的 4.7 t/ hm² 增加了 1.74 倍，但同期施氮量却从 26 kg/ hm² 增加到了 420kg/ hm² 共增长 16 倍；美国的粮食产量翻番，也是以机械能投入增加 10 倍，氮肥施用量增加 20 倍为代价的（孙永飞等，2004）。值得注意的是，在传统农业栽培方式中，包含着许多朴素的利用包括生物多样性及其他自然因素控制病虫害，保证农田生态稳定性的思想和方法，这些思想和方法对解决现代农业带来的诸多问题有着重要的启示作用。

第一节　石油农业单一种植的生态负效应

　　在自然界任何一种生态系统中，过度单一的危害性都很大。最典型的例子莫过于 18 世纪爱尔兰由于单一种植马铃薯而酿成的"爱尔兰大饥荒"（Ristaino et al.，2001）。在漫长的农业生产实践中"单一化"并非作为问题对待，而是作为一项优胜劣汰的农业增产重要措施备受人们的推崇，诸如农业区域化布局、产业带形成、各类基地、农业科技园区以及专业化、集约化、规模化和设施农业等生产方式正大行其道，并已成为传统农业向现代农业转化和产业化发展的重要标志。

在欧美等一些发达国家，目前已形成了玉米带、棉花带、畜牧带等农业带，区域化农业生产格局已经成形，并正引领世界农业的发展潮流和走向。然而，正当人们满足并陶醉于现代农业的高新技术、先进生产方式和高农业生产力，而漠视"单一化"所致的诸多问题和潜伏的隐患之时，世界农业的危机却已悄然而至：生物多样性和生态平衡横遭破坏；病、虫、草、鼠害频发且逐年加重，化学农药用量直线攀升；农业环境和农产品质量的安全问题凸现；农业可持续发展受到空前严重的威胁和挑战。

农业生态系统持续获得产量取决于作物、土壤、养分、光照、湿度及其他生物间正常的平衡关系，农业生态系统免疫功能失常是导致农业生态系统健康下降的重要原因，如过量施用化肥和农药，土壤有机质含量和土壤生物活性下降，单作，功能多样性下降，遗传的一致性，养分亏缺等诸因素均能引起农业生态系统免疫功能失常，尤以单作生态负效应最为突出（李琪和陈立杰，2003；高东等，2011）（图 5 – 1）。

第二节　传统农业的生态正效应

传统农业提倡"天人合一"的系统生态观，强调因时、因地、因物制宜的"三宜"耕作原则，也即"合天时、地脉、物性之宜"。这种建立在人类崇拜自然、被动顺应自然基础上的传统农业，虽然隶属于生产力相对稳定而低下的农业范畴，但不乏具有生态合理性的理念和做法。作物间混套作、农林间作、轮作、复种、作物覆盖、稻田养鱼、稻田养鸭等都是人工创造农田小生境多样化，实现农业生态系统持久稳定的典范（图 5 – 2）。

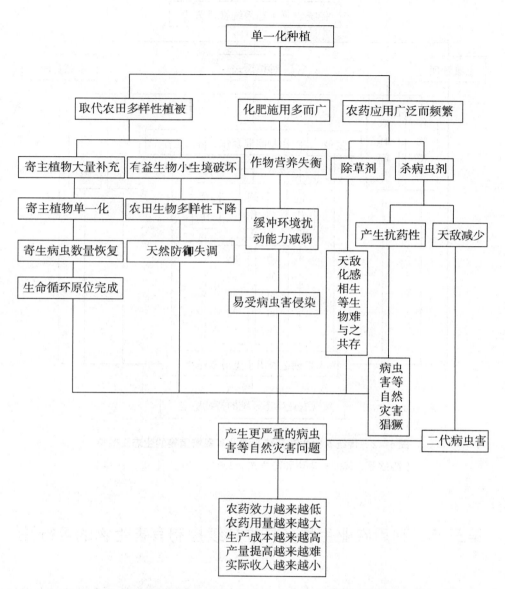

图 5 - 1　单一种植的生态负效应（李琪和陈立杰，2003；高东等，2011）

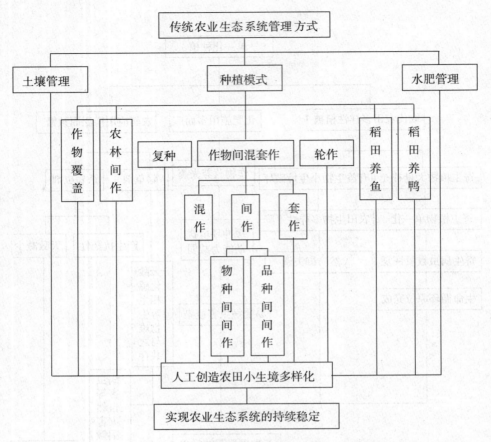

图 5 - 2　传统农业生态系统管理及其栽培措施的生态正效应

（陈欣等，2002；李琪和陈立杰，2003；Altieri et al.，1984）

第三节　利用农业生物多样性持续控制有害生物的可行性

西方现代化农业的发展不过 100 多年的时间，却已经出现一系列难以克服的致命伤害，如环境污染、水土流失、生态破坏、动植物品种单一化和种质资源流失等等。增施化肥和农药不仅污染土壤环境和作物，而且最后富集到人体内，影响人们的健康。基因工程把外源基因引入玉米、大豆、棉花、水稻等作物体内，使其具有抗病虫害和杂草的能力，似乎一劳永逸地解决了农药污染问题，但是无法预见它们在长期大规模推广以后，将会带来哪些副作用。DDT 残留的危害是普遍使用数十年后才发现的，停止生产和使用几十年后的今天，问题依然存在。

绵延几千年的传统农业为什么没有这类问题？在农业现代化不断采用新技术武装农业的过程中，如何进一步发扬传统农业可持续发展的潜力，传统农业的生态理念是值得我们深思的问题和研究的任务。

纵观地球农业近万年的发展历程，可以认为是依靠生物多样性控制有害生物的过程，用化学农药控制有害生物总共还不到一百年的时间。即使在当今的地球生态系统中，有害生物也还是以生物多样性的控制占绝对主导地位。以我国为例，在960万 km^2 国土上，133 万 km^2 林地、267 万 km^2 草地以及367 万 km^2 未利用土地中的有害生物，极少使用农药去控制；只是在约131 万 km^2，占国土面积13.7%的耕地和园地中，主要用农药控制有害生物。即使在耕地和园地中，也还有因各种因素而不用或很少施用农药的（孙永飞等，2004）。

生物在长期的进化发展过程中，彼此形成了相生相克和谐统一的关系。在自然生态系统中，各构成因素均处于彼此协调、相互适应状态，保持着相对的稳定和平衡。当系统中某一因素如害虫增加，另外几个抑制它的因素如害虫的多种天敌也随之增加，最后害虫因天敌、天敌因食源限制而减少，使系统达到新的平衡状态。而在当今农业生态系统中，由于大量使用农药，不但针对性地杀死了主要有害生物，更杀伤或杀死了大量无辜的天敌及中性生物，使得次要和具抗性的有害生物大规模发生时，由于没有相应的天敌去自然抑制，往往就导致其大爆发，逼迫人类使用更强毒力或更大用量的农药去压制，如此进入恶性循环。因此，人类只有充分利用各种生物之间相生相克的关系，即利用生物多样性来持续控制农业有害生物，才可能摆脱有害生物越治越多，越多越治，农药用量越来越大或毒力越来越强，环境污染越来越严重的被动局面（尤民生等，2004；王长永等，2007；杨宁等，2008；Tilman et al.，2006）。

第四节　构建和恢复农田生物多样性的基本方法

农业生态系统中生物多样性主要通过合理的农业生态系统管理和生境多样性建立来实现（图5-3）。通过合理安排目标生物的种类和时空分布，便可获得目标生物的多样性，通过建立多样化的生境和目标生物，多样化的非目标生物便可在农业生态系统中得以繁衍和保护。认识不同类型的非目标生物（如有益生物、中性生物等）在农业生态系统的作用和地位，对于保护物种的多样性很重要，如对有益生物，应采取措施促进和保护其多样性；中性生物（对农业生产力的形成无明显影响）常常被人们忽略，对其生态系统功能知之甚少，亦应采取一定的措施加以保护（李琪和陈立杰，2003）。

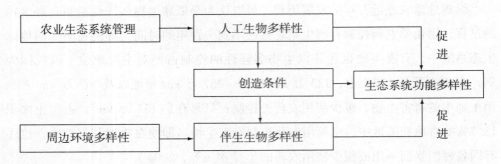

图 5 - 3　人工小生境多样性的生态效应（李琪和陈立杰，2003）

利用生物多样性持续控制农业有害生物是一项系统工程，最基本的方法是效仿自然生态系统，在生产农田中创造三个层次的多样性：生态系统多样性、物种多样性和种内遗传多样性（董玉红等，2006；沈君辉等，2007；宁堂原等，2007；Zhu et al.，2000）。

一、构建农田生态系统多样性

采取水陆生态微系统、林地农田、草地农田等交织共存的策略创造农田生态系统多样性，如在旱地条件下，通过挖塘贮水养鱼，创造水生环境，被称为庄稼保护者的蛙类会成倍增加，进而有效地控制害虫爆发；在农田一定范围内开辟林地，增加益鸟的数量可以减少害虫数量。

二、构建农田物种多样性

全面改变目前的作物单一种植模式，实行超常规带状间套轮作。在大片农田内，所有可互惠互利的作物，包括粮食作物、经济作物、饲料作物、蔬菜类、药用植物、花卉及果树、经济林木，还有培肥用的绿肥、具有特定作用的陪植植物等等，均以条带状相间套种植。间套轮作物不是限于一块农田，不再是几种，而是十几种到几十种直至上百种，不再有玉米带、棉花带、畜牧带等单一种植概念。这样在每一种物种周围同时又伴生了相当数量的其他生物，如此人工创造丰富的物种多样性。资料显示，多样性种植控制有害生物的效果很明显：在多作系统中害虫的种类数量比单一种植的少，天敌种类数量增多；在多作系统中病原群体结构复杂，优势病原小种不明显（沈君辉等，2007）。目前，云南农业大学进行的玉米马铃薯套种有效地控制了玉米大小斑病，特别是马铃薯晚疫病（Li et al.，2009）。

三、构建农田种内遗传多样性

同田同种作物最大限度做到遗传基础异质。多品种混合种植或条带状相间种植；育种时要求选育多系品种。朱有勇等发现，将基因型不同的水稻品种间作于同一生产区域，由于遗传多样性增加，稻瘟病的发生比单品种种植明显减少（Zhu et al.，2000）。

通过种植各种作物，经济风险被分散，农民也不易受到由于供需变化所带来的巨大的价格变化的影响。此外，多样性对一个系统还具有生物缓冲作用（Tilman et al.，1994）。例如，在一年生耕作系统中，作物轮作、间混套作、稻田养殖等方式可以抑制杂草生长、病菌以及害虫的出现；覆盖作物可以固定土壤，从而保持土壤养分、水分，提高水分入渗率和土壤保水能力，对整个农业生态系统起到稳定作用。果园和葡萄园内的覆盖作物，还可以增加有益节肢动物种群的数量，从而减少系统感染病虫害的机会，同时减少化学物质的使用。

最适宜的多样化可以通过将作物栽植和动物饲养综合在同一系统中，如稻田养鱼、稻田养鸭。稻田养鱼的生态好处多多，田面种稻，水体养鱼，鱼粪肥田，鱼稻共生，鱼粮共存。田鱼觅食时，搅动田水，搅糊泥土，为水稻根系生长提供氧气，促进水稻生长；通常稻田里有许多杂草会和水稻争肥料、争水分、争空间，田鱼吃了稻田里的杂草以及叶蝉等害虫，免去了耘田除草，降低了农药和除草剂的使用；田鱼的排泄物给稻田施加有机肥料；稻谷还可以为田鱼遮阴和提供食物。最终在收获稻米的同时，农民还获得了鱼，动、植物蛋白质齐收。稻田养鱼对农民来说，最大的好处被专家们归纳为"四增"和"四节"。"四增"是增粮、增鱼、增水、增收。"四节"是节地、节肥、节工、节成本。"稻鸭共作"模式通过利用鸭子的捕食、中耕、排泄等活动来除草、除虫、防病和施肥，基本上不用或少用化肥、农药等人工合成物。天然共生，和为一体的"稻鱼共生""稻鸭共作"这些至今仍保存完整的耕作方式，本身就是"巧夺天工"。稻田养鱼（鸭）是生物多样性、生产多样性和文化多样性的综合体现，农业与特定自然环境协同进化和动态适宜的完美体现，具有提供区域可持续发展的范例作用。

第五节　利用农业生物多样性持续控制
有害生物的基础原理

利用农业生物多样性持续控制有害生物具有丰富的理论基础。大致可以归纳为：生物多样性控制病害的病理学基础，生态学基础，营养学和生理学基础，化感基础，物理阻隔原理等（高东等，2011）。

一、群体异质效应

通过把不同作物、品种，甚至同一品种的异质个体组合到一起，人为地创造了农艺性状和遗传背景不同的群体，提高了群体的抗病性和耐干扰性。

二、稀释效应

对于生物多样性田块，由于群体内个体农艺性状和（或）遗传背景的不同，有害生物对多样性组成中的组分并非完全亲和，有别于单一种植的完全亲和，故对有害生物起到了稀释作用，降低了流行和爆发的潜在危险。

三、微生态效应

多样性种植由于人为创造了农艺性状和遗传背景的差异，对田间小气候有相当改善，尤其在降低湿度，提高温、光、水、肥、气的利用率方面表现突出，不利于有害生物的发生和发展。

四、诱导抗性效应

多样性种植中，有害生物对多样性组分中非亲和组分造成危害较轻，反而诱导非亲和组分抗性系统启动反应，产生诱导抗性，当亲和有害生物危害该组分时，由于已启动抗性反应，亲和有害生物造成的危害会大大降低。

五、物理阻隔效应

在多样性田块中，非亲和组分像"隔离带""防火墙"一样，对有害生物的传播和流行起物理阻隔作用。

六、生理学效应

多样性种植改善了作物对矿质元素的稀释，如在水稻不同品种的条带式间作中，易倒伏品种植株茎秆、叶片内硅含量高，硅化细胞大而多。

七、化感效应

植物化感作用是一个活体植物（供体植物）通过地上部分（茎、叶、花、果实或种子）挥发、淋溶和根系分泌等途径向环境中释放某些化学物质，从而影响周围植物（受体植物）的生长和发育。这种作用或是互相促进（相生），或是互相抑制（相克）。如高粱等对杂草有化感抑制作用，与其他作物间作时可有效地控制杂草生长，从而提高作物产量；小麦对大豆的 P 吸收具有明显促进作用，能显著提高大豆生物学产量等等。

参考文献

［1］陈海坚，黄昭奋，黎瑞波，彭宗波，麦全法，蒋菊生．农业生物多样性的内涵与功能及其保护［J］．华南热带农业大学学报，2005，11（2）：24－27.

［2］陈欣，唐建军，王兆骞．农业生态系统中生物多样性的功能——兼论其保护途径与今后研究方向［J］．农村生态环境，2002，18（1）：38－41.

［3］董玉红，欧阳竹，刘世梁．农业生物多样性与生态系统健康及其管理措施［J］．中国生态农业学报，2006，14（3）：16－20.

［4］高东，何霞红，朱书生．利用农业生物多样性持续控制有害生物［J］．生态学报，2011，31（24）：7617－7624.

［5］李琪，陈立杰．农业生态系统健康研究进展［J］．中国生态农业学报，2003，11（2）：144－146.

［6］梁文举，武志杰，闻大中．21世纪初农业生态系统健康研究方向［J］．应用生态学报，2002，13（8）：1022－1026.

［7］宁堂原，焦念元，安艳艳，赵春，申加祥，李增嘉．间套作资源集约利用及对产量品质影响研究进展［J］．中国农学通报，2007，23（4）：159－163.

［8］沈君辉，聂勤，黄得润，刘光杰，陶龙兴．作物混植和间作控制病虫害研究的新进展［J］．植物保护学报，2007，34（2）：209－216.

［9］孙永飞，梁尹明，冯忠民，王一栋，王乐萍．创建农田生物多样性开创有机农业新局面［M］.// 粮食综合生产能力保护及高产优质高效技术论文集．北京：中国农业科学技术出版社，2004：22－26.

［10］王小艺，沈左锐．农业生态系统健康评估方法研究概况［J］．中国农业大学学报，2001，6（1）：84－90.

［11］王长永，王光，万树文，钦佩．有机农业与常规农业对农田生物多样性影响的比较研究进展［J］．生态与农村环境学报，2007，23（1）：75－80.

［12］杨宁，于淑琴，孙占祥，郑家明，刘洋，侯志研．生物多样性影响农业生态系统功能及其机制研究进展［J］．辽宁农业科学，2008（1）：27－31.

［13］尤民生，刘雨芳，侯有明．农田生物多样性与害虫综合治理［J］．生态学报，2004，24（1）：117－122.

［14］Altieri M A. Patterns of insect diversity in momocultures and polycultures of-Brussels sprouts［J］．Protective Ecology，1984，6：227－232.

［15］Li C Y，He X H，Zhu S S，Zhou H P，Wang Y Y，Li Y，Yang J，Fan J X，Yang J C，Wang G B，Long Y F，Xu J Y，Tang Y S，Zhao G H，Yang J R，Liu L，Sun Y，Xie Y，Wang H N，Zhu Y Y. Crop diversity for yield increase［J］．Public Library of Science One，2009，4（11）：e8049. doi：10. 1371/journal. pone. 0008049.

［16］Qualset C O，McGuire P E，Warburton M L. "Agrobiodiversity" key to agricultural productivity［J］．California Agriculture，1995，49（6）：45－49.

［17］Ristaino J B，Groves C T，Parra G R. PCR amplification of the Irish potato famine pathogen from historicspecimens［J］．Nature，2001，411（6838）：695－697.

［18］Tilman D，Downing J A. Biodiversity and stability in grasslands［J］．Nature，1994，367（6461）：363－365.

［19］Tilman D，Reich P B，Knops J M. Biodiversity and ecosystem stability in a decade－long grassland experiment［J］．Nature，2006，441（7093）：629－632.

［20］Xu W，Mage J A. A review of concepts and criteria for assessing agroecosystem health including a preliminary case study of southem Ontario［J］. Agriculture，E-cosystems and Environment，2001，83（3）：215 –233.

［21］Zhu Y Y，Chen H R，Fan J H，Wang Y Y，Li Y，Chen J B，Fan J X，Yang S S，Hu L P，Leung H，Mew T W，Teng P S，Wang Z H，Mundt C C. Genetic diversity and disease control in rice［J］. Nature，2000，406（6797）：718 –722.

第六章　利用农业生物多样性持续控制有害生物的交叉学科基础理论

　　单一品种大面积种植并非农业的出路，抗病育种也只能暂时解决病害问题，而且周期越来越短，只有多样性才是农业病害流行的克星。生物多样性越丰富，可选择的范围才越大，而每一个特有品种都有特有基因，将这些品种合理地布局在一定的时空范围内，可以有效地形成病害"缓冲带""隔离带"和"防火墙"（骆世明，2010）。

第一节　植物病理学基础

一、植物病害三角理论

　　植物病害由生物和非生物因素造成，在生物因子所引起的病害中，仅有病原物和寄主两方面存在植物并不一定发生病害，病害的发生需要植物与病原接触且两者之间发生反应，但若环境因子不利于病原菌危害植物，或促使植物产生抗性，病害仍然不会发生。这很像一场以环境为裁判的病原与寄主的竞赛，病原越强病害发生越重，寄主越强病害发生越轻；环境越有利于病原，病害发生越重，环境越有利于寄主，病害发生越轻。植物病害需要有病原、寄主植物和一定的环境条件三者配合才能发生，三者共存于病害系统中，相互依存，缺一不可。任何一方的变化均会影响另外两方。这三者之间的关系称为"病害三角"或"病害三要素"。

　　众所周知在植物病害三角中，不论是寄主植物还是病原菌，不论是物种水平还是品种或菌种水平都具有丰富的遗传多样性，这是一种多对多的关系，很显然靠几个抗病品种单一化大面积种植，必然会带来病害的大流行。下面重点对寄主和病原进行概述。

二、基因对基因抗病学说

植物在长期的进化过程中常受到一些病原微生物的侵袭，两者在自然生态系统中长期并存，相互选择和相互适应乃至协同进化，使得植物的抗病性与病原物的致病性之间形成一种动态平衡。正是这种拉锯式的选择和适应赋予了病原菌产生多样化生理小种的能力，也使得植物的抗病性具有多样的表现形式。

Flor（1971）根据亚麻对锈菌小种特异抗性的研究提出了基因对基因（Gene - for - gene）抗病性学说。该学说认为植物对某种病原物的特异抗性取决于它是否具有相应抗性基因，而同对病原物的专一致病性取决于病原物是否具有无毒基因，也就是说寄主分别含有感病基因（r）和抗病基因（R），病原物分别含有毒性基因（Vir）和无毒基因（Avr），只有当具有相应抗病基因的植物与具有无毒基因的病原物相遇时，才会激发植物的抗病反应，其他情况下二者表现亲和，即寄主感病。通过大量的经典遗传学研究，目前至少在 40 余种植物—病原物相互作用系统中证明 Flor 的基因对基因学说是正确的（王庆华等，2003）。

（一）病原物无毒基因及无毒蛋白

病原物无毒基因广泛存在于寄主植物的病原物中，对无毒基因的克隆和更深入的认识只是近 20 年的事情。Staskawicz 等（1984）通过把含有无毒基因 $AvrA$ 的大豆丁香假单胞杆菌（*Pseudomonas syringae pv. giycinea*）小种的 Cosmid 克隆接合转移到不含 $AvrA$ 的小种中，继之以遗传互补实验克隆了 $AvrA$ 基因，这是克隆的第一个无毒基因。随后，许多研究者通过类似的方法从不同的病原物中克隆了几十个无毒基因，这不仅有力地支持了基因对基因抗病性学说，而且也促进了对其本身的认识。

虽然已有诸多的无毒基因被克隆和测序，但对其确切产物及功能有较详细了解的却仅限于 AvrD、Avr9、AvrBs3、AvrPto 和烟草花叶病毒外壳蛋白等少数几种蛋白质。表 6 - 1 总结了 Avr 蛋白质的某些特性（Nimchuk et al.，2001）。

表 6-1 部分无毒蛋白特性（王庆华等，2003）

Avr 蛋白	病原物	可能的致病作用	植物细胞定位	致病共同结构域	对应 R 基因的定位
AvrPphC	*Pseudomonas syringae pv. phaseolicola*	干扰植物防御反应	未报道	未报道	未报道
AvrPphF	*Pseudomonas syringae pv. phaseolicola*	干扰植物防御反应	未报道	未报道	未报道
AvrRpt2	*Pseudomonas syringae pv. tomato*	干扰植物防御反应	未报道	未报道	—
AvrRpm1	*Pseudomonas syringae pv. maculicola*	促进生长	质膜	未报道	质膜
AvrPto	*Pseudomonas syringae pv. tomato*	促进生长	质膜	—	质膜
AvrBst	*Xanthomonas campestris pv. campestris*	类泛素蛋白酶	未报道	有	未报道
AvrXa7	*Xanthomonas oryzae pv. oryzae*	致病必需转录激活结构域	核	有	未报道
AvrBs2	*Xanthomonas campestris pv. vesicatoria*	农杆糖酯合成酶	—	有	未报道
AvrBs3	*Xanthomonas campestris pv. glycinea*	致病必需转录激活结构域	核	有	未报道
PthA	*Xanthomonas citri*	致病必需细胞增殖转录激活结构域	—	未报道	未报道
VirPphA	*Pseudomonas syringae pv. phaseolicola*	干扰植物防御反应	未报道	未报道	未报道
AvrPitA	*Magnaporthe grisea*	蛋白酶	未报道	有	未报道
Avr9	*Cladosporium fulvum*	未报道	外质膜	未报道	外质膜
Nla	Potato Virus Y	蛋白酶	未报道	有	未报道
Coat protein	Tumip Crinkle Virus	外壳蛋白	未报道	无	未报道

（二）植物的抗病基因

近 20 年来，世界上许多重要实验室一直致力于基因的克隆，直到 1992 年才成功地克隆出第一个植物抗病基因——玉米抗圆斑病基因 *Hm*1，但 *Hm*1 并不是真正符合基因对基因抗病性学说的抗病基因。第一个被克隆的真正符合基因对基因抗病性学说的抗病基因是番茄的 *Pto* 基因。克隆植物 *R* 基因一般采用转座子标签法和图位克隆法，迄今人们至少已经从 9 种不同的植物中成功地克隆出了 22 种 *R* 基因。虽然这些 *R* 基因来自于不同的物种，介导对不同病原物的抗性，但其编码产物具有一些共同的结构域：核苷酸结合位点（Nucleotide binding site，NBS），富亮氨酸重复序列（Leucine – rich repeat，LRR），丝氨酸/苏氨酸激酶（Serine – threonine kinase，STK），亮氨酸拉链（Leucine zippers，LZ）和 Toll/白细胞介素 – 1 受体类似结构（Toll/Interleukin – 1 receptorsimility，TIR）。

大多数 *R* 基因的编码产物属于 NBS – LRR 类蛋白，这是一类细胞质蛋白质。根据它们氨基末端的不同，又可被进一步分为两个亚类，第一个亚类的氨基末端与 TIR 同源，称为 TIR – NBS – LRR，第二个亚类的氨基末端带有推测的卷曲螺旋（Coiled coil，CC），称为 CC – NBS – LRR。最近，Xiao 等（2001）又报道了一类新的 *R* 基因，即拟南芥的抗白粉病基因 *RPW*8，*RPW*8 基因编码相对较短的蛋白质，带有一个推测的信号锚定（Signal anchor，SA）结构域和一个 CC 结构域，尽管与已知 *R* 基因缺少相似性，*RPW*8 的确赋予植物与过敏应答（Hypersensitive response，HR）有关的抗性。现将 *R* 基因的分类情况总结于表 6 – 2（Jones，2001）。

表 6 – 2　主要 *R* 基因的分类（王庆华等，2003）

R 基因分类	代表成员	蛋白质结构	拟南芥同源物数目
LRR 激酶	*Xa*21 水稻抗白叶枯病基因	跨膜蛋白；细胞外 LRR，细胞质蛋白激酶结构域	约 174
eLRRs	*Cf* – 9 番茄抗 *Cladosporium* 基因	跨膜蛋白；细胞外 LRR	约 30
Pto	Pto 番茄抗 *P. syringae* 基因	丝氨酸/苏氨酸蛋白激酶，带有十四烷酰化位点	约 100

续表

R 基因分类	代表成员	蛋白质结构	拟南芥同源物数目
TIR – NBS – LRR	*N* 烟草抗 TMV 基因	细胞质蛋白；TIR 结构域，细胞凋亡 ATPases CED4 和 Apafl，羧基末端 LRRs	约 100
CC – NBS – LRR	*RPS2* 拟南芥抗 *P. syringae* 基因	细胞质蛋白；CC 结构域，细胞凋亡 ATPases CED4 和 Apafl，羧基末端 LRRs	约 65
SA – CC	RPW8.1，RPW8.2 拟南芥抗白粉病基因	推测的 SA、CC 结构域	约 5

（三）Avr 蛋白与 R 蛋白的相互作用机制

R – Avr 蛋白相互作用的最简单模式是受体—配体模式。然而，进一步的研究发现，R 蛋白与 Avr 蛋白的识别很可能并不是简单的受体—配体模式。由于很难检测到 R 蛋白和 Avr 蛋白的直接相互作用，因而提出的假设认为，R 蛋白"监控"与 Avr 蛋白作用的植物寄主靶蛋白（Guardee），一旦监测到 Avr – guardee 的相互作用，就会启动 HR 和其他防御反应。

许多数据表明细菌 Avr 蛋白通过 III—型分泌系统直接转运到寄主细胞的特定部位，这一系统在进化过程中相当保守，被转运的 Avr 蛋白称为"III—型效应蛋白（Type. III effector protein）"。*Pseudomonas syringae* 的 III—型效应蛋白在氨基末端发生十四烷酰化和十六烷酰化，这些烷酰化基团可将 III—型效应蛋白牵引到膜上。已经证明，*Pseudomonas syringae* 中存在的 AvrRpm1、AvrB、AvrPphB 和 AvrPto 蛋白，十四烷酰化对于它们定位于寄主细胞的质膜上是必需的，对于寄主启动防御反应也是必需的（Boyes et al.，1998）。

如果某一效应蛋白特定区域的突变引起抗性反应的丢失，则该突变区域应该是与 R 蛋白识别相关的部位，这样就为检验 Avr 蛋白的致病结构域提供了一个很好的系统。Shan 等对 9 个随机点突变的非 Pto 相互作用的 AvrPto 进行分析，发现其中的 6 个不能使 Pst 菌株致病力增强而其余 3 个可以（Shan et al.，2000）；在另外的一个研究中，Chang 等将 AvrPto 中心区域的 30 ~ 124 氨基酸处随机进行了 44 个替换，发现其中的 36 个替换物在酵母双杂交系统中，仍然可以与 Pto 蛋白相互作用，并且可以诱导植物的防御反应（Chang et al.，2001）。可见，是 AvrPto 的中心结构域的整体结构，而并不是某个特定的氨基酸组分参与了与 Pto 蛋白的识别。

许多事实表明，R 蛋白的 LRR 结构域可能对于配体的识别起决定的作用。最近，通过酵母双杂交系统的分析，发现水稻抗性蛋白 Pita 的类 LRR 结构域，对于 Avr – Pita 的相互作用是必需的，如果 Avr – Pita 或者 Pita 发生突变引起抗性消失，则二者体外的相互作用也随之消失（Jia et al.，2000），这是首次表明在 R 蛋白的 LRR 结构域与相应 Avr 之间存在相互作用。Luck 等的研究表明，亚麻 L 蛋白的 LRR 结构域决定 L 的专一性，随后他们分析了 LRR 结构域相同但 TIR 不同的两个 L 蛋白，发现 TIR 对于 L 蛋白的专一性也是必需的，很可能 LRR 是识别 Avr 蛋白所必需的（但并不是充分的），氨基末端结构域对于 Avr 蛋白的识别起协同作用（Luck et al.，2000）。

在 Avr 和 R 蛋白识别过程中是否需要另外的蛋白质分子呢？番茄 Pto 与 AvrPto 的相互作用需要另一个 NBS – LRR 蛋白 Prf（Salmeron et al.，1996），Prf 作用于信号级联反应中，这表明 Pto、Prf 和 AvrPto 形成的三元复合物对于 HR 反应的激活是必需的。Ren 等报道芜菁皱叶病毒外壳蛋白（TCV – CP）可以启动拟南芥中的 R 基因 HRT，在酵母双杂交分析中发现，TCV – CP 可以与 NAC 家族中的一个转录激活因子相互作用，这一相互作用对于诱导 HRT 的抗性反应是必需的，三者的具体作用方式还不清楚（Ren et al.，2000）。

尽管 R 蛋白的 LRR 结构域相对保守，但是各 R 蛋白之间的 TIR 结构域或者 CC 结构域以及 NBS 的起始区域存在很多变异，Avr 蛋白的结构也很少具有同源性。此外，在识别过程中，可能还有另外的一些寄主因子的参与，因而 R 蛋白和 Avr 蛋白的识别并不是固定的、简单的受体—配体相互作用，在不同的寄主和病原物之间不可能完全一致。

（四）R 基因的信号传导

近几年来，随着拟南芥基因组测序的完成，以拟南芥突变体为主要研究对象，对 R 基因的信号传导进行了深入而广泛的研究，取得了很多重要进展。实验证明，PBS1、NDR1、EDS1、PAD4 和 PBS2 的突变阻断了某些 R 基因调控的基因对基因抗性。例如，PBS1 的突变可以影响 RPS5，很可能 PBS1 的编码产物为"guardee"，可以被 RPS5 和相应的 AvrPphB 所识别。已知在 R 基因信号传导中，需要 NDR1 的 R 基因属于 LZ（CC）– NBS – LRR 亚类，需要 EDS1 的 R 基因属于 TIR – NBS – LRR 亚类；同时，需要 EDS1 的 R 基因还需要 PAD4，而需要

*NDR*1 的 *R* 基因还需要 *PBS*2（Warren et al.，1999）。所有这些证据均与 Aarts 等的假说一致，即被 *R* 基因启动的下游信号传导途径有两条，R 蛋白的结构决定了所需要的下游信号因子的类型（Aarts et al.，1998）。

最近的研究结果表明，两个 *R* 基因，*RPP*7 和 *RPP*8，既不需要 *EDS*1，也不需要 *NDR*1，说明在 *R* 基因信号传导中至少还存在第三条途径（Mcdowell et al.，2000）。*RPP*13 调控的抗性不需要 *EDS*1、*PAD*4、*PBS*2 以及 *NDR*1，在 *EDS*1、*NDR*1 双突变中完全不受影响，并且不能被 *NAHG* 所阻断（Bittner – Eddy et al.，2001）。虽然 *RPP*7 没有被克隆，但是已经克隆的 *RPP*8 和 *RPP*13 基因的编码产物均为 LZ – NBS – LRR 蛋白，相互之间很相似，而它们的信号传导途径却与 LZ – NBS – LRR 类基因不符，这就表明至少存在三种 *R* 基因的下游信号传导途径，一种是 *NDR*1 依赖型，第二种是 *EDS*1 依赖型，第三种的具体遗传成分还没有报道。

促使 *R* 基因选择不同的信号传导途径的具体机制仍然不清楚。例如，*HRT* 基因与 *RPP*8 有 90% 同源性，然而 *HRT* 调控的抗性可被转基因 *NAHG* 所阻断，而 *RPP*8 调控的抗性却不受 *NAHG* 的影响（Kachroop et al.，2000）。另外的一个例子，被广谱 *R* 基因 *RPW*8 调控的抗性需要 *EDS*1，并且可被 *NAHG* 所阻断；然而，*RPW*8 编码的蛋白质除了含有 CC 结构域，其他的部分与 LZ – NBS – LRR 蛋白几乎很少有相似性。由此可见，尽管特定的 *R* 基因进行信号传导途径可能是由 *R* 基因的结构所决定；但可以肯定的是，还有另外的一些因子也参与此过程并且起重要作用。

目前，调控 *R* 基因信号传导的几个基因已经被克隆，*NDR*1 编码的蛋白质推测带有 2 个跨膜结构域，很可能这一结构可以促进 R 蛋白靠近膜，*EDS*1 和 *PAD*4 编码的蛋白质与三酰基甘油酯酶很相似，推测可能在信号分子的合成和降解中起作用。*NAHG* 编码的蛋白质为水杨酸羟化酶。

近几年来，利用反向遗传学方法来研究 *R* 基因介导的信号传导取得了很大进展。随着更多抗性缺陷突变体的分离以及与抗性有关基因的克隆测序，将会在生化水平和分子水平更精确地揭示信号传导的途径。

植物在与病原物的共同进化过程中，形成了一套复杂的分子机制，应答环境中的病原物并做出相应的反应。不同的作物品种在相同环境下或者同一作物甚至品种在不同的生长环境下很可能具有不同的抗病性和抗病途径，这就为利用遗传多样性持续控制作物病害提供了理论依据。

三、诱导抗性的作用机理

植物诱导抗病性是指植物在诱导因子作用下，产生能抵抗原来不能抵抗的病原物的侵染的一种抗病性能，或称获得免疫性。诱导抗性分为两类：一是局部抗性或称过敏性反应，另一类是系统抗性。前者是指在被诱导的部位直接产生抗性的现象，后者则是指植物经局部诱导后在非诱导部位产生抗性的现象。植物病害每年给农业生产造成巨大损失，合理有效地治理植物病害是农业可持续发展中必须解决的重要问题。化学药剂所造成的病原物抗性和环保问题，使其应用受到较多限制；而诱导抗性作为对植物病害的诱导应答减少了植物在抗病方面所付出的种种代价，因此是较为经济有效的抗病策略，并在作物可持续病害防治中具有十分广阔的应用前景。此外，植物诱导抗性也为探讨植物对环境响应的分子生态机制提供了较好的模式。

（一）组织病理学机制

植物受到病原物的感染后会引起植物细胞壁的修饰，主要表现在木质化过程加强、胼胝质的沉积、胶质体和侵填体的产生，以及一种富含羟脯氨酸的糖蛋白（Hydroxyproline – rich Glycoprotein，HRGP）含量的增加等方面。

1. 木质素积累

诱导性病原菌会引起寄主植物细胞壁的木质化（Lignification）——木质素含量的增加是寄主植物抗性反应的一种特性，为阻止病原菌对寄主的进一步侵染提供了有效的保护圈。在已研究过的真菌病害中都可见到病原菌感染所引起的木质化作用。病毒感染植物后同样也能诱导木质素的增加，起到抑制病毒扩展的作用。Asada（浅田）等用日本萝卜根研究感染霜霉病后对木质素形成影响时，发现感染和不感染根中木质素不仅在量上不同，而且在质上有区别。疏水的木质素进入细胞壁内，与纤维素、半纤维素相互交叉形成网状结构，加强寄主细胞壁的抗侵染能力，同时木质素作为一种机械屏障，可以保护寄主细胞免受病原物酶的降解（张高华，2002）。

2. 胼胝质的沉积

胼胝质（Callose，愈创葡聚糖）分子是 β – D – 呋喃葡聚糖残基按 β – 1，3 – 糖苷键联结在一起组成的。这种多糖广泛分布在高等植物中，一般在韧皮部的筛管中找到，在那里其重要性是形成筛板。病原物入侵后在细胞壁中也有胼胝质的积累，造成壁的加厚或形成乳头状小突起，它围绕在感染部位可能有阻碍病原物扩散的作用。胡东维（1995）发现抗病性的强弱取决于乳突开始形成的早晚和形成的速度。此外，已证明用 pms 孢子接种大豆幼苗抗性和感染品系，在接种后不同时期测定总的和局部的胼胝质沉积，发现用抗性品系感染 3~6h 以后，胼胝质的沉积高于感染性的品系。

3. 胶质体和侵填体的产生

病原物侵染后产生胶质体和侵填体是植物维管束阻塞的主要原因，而维管束阻塞也是植物的一种重要的抗病反应，它既能防止真菌孢子和细菌菌体随植物的蒸腾作用上行扩展，防止病原菌的酶与毒素扩散，又能导致寄主抗菌物质积累。胶质体的主要成分是果胶和半纤维素，侵填体是与导管相邻的薄壁细胞通过纹孔膜在导管腔内形成的膨大球状体（郭秀春，2002）。

4. 富含羟脯氨酸糖蛋白含量的增加

富含羟脯氨酸糖蛋白（Hydroxyproline glycoprotein，HRGP）又被称为富羟糖蛋白，是一类具有特殊结构和分子组成的特定功能的糖—蛋白复合体，是组成植物细胞壁蛋白的主要组成部分。当病原物侵入和细胞壁受损时，它们会大量积累以修复和增强细胞壁的结构。至今已在经诱导处理的菜豆、大豆、黄瓜、甜瓜、马铃薯、烟草、小麦、水稻和杨树培养细胞中发现 HRGP 增加（李堆淑，2007）。这表明植物受病原菌侵染后 HRGP 会明显增高，而且其积累量与植物的抗性有关。

HRGP 的积累在抗病中的作用（荆迎军和刘曼西，2002）：起凝集素的作用；作为木质素的沉积位点，导致木质素在细胞壁中的沉积；作为细胞壁多聚体起结构屏障作用；具有专化性，在非亲和反应中 HRGP 的积累明显高于亲和反应组合。

（二）生理生化机制

诱导抗病性使植物代谢物质发生改变，引起植物体内各种生理生化变化，主要包括植物保卫素的产生和积累、活性氧迸发、植物防御酶系的变化以及病程相关蛋白的积累等等。

1. 植保素的产生和积累

植保素（Hhytoaiexin，PA）是植物被病原物侵染后，或受到多种生理的、物理的、化学的因子诱导后，所产生或积累的一类低分子量抗菌性次生代谢产物。目前已在 17 种植物中发现并鉴定了 200 多种植保素，并证明了它们是参与植物防卫反应重要的生理性物质之一。当今研究较多的是类黄酮植保素和类萜植保素。不仅如此，一些非生物因子（如紫外光、重金属等）也可能诱导植保素形成。近年来发现不少真菌的培养滤液和菌丝的提取物（通称诱导物，Elicitor）也能诱导植保素的形成。植保素 PA 在植物中的诱导积累有以下几个特点：植保素 PA 的诱导积累只局限在植物受侵染的细胞周围，起化学屏障作用；抗病植株和感病植株积累植保素的速度是不同的，抗病植株积累速度快，在感病初期就能达到高峰，产生过敏反应，而感病植株积累植保素速度较慢，几天后才达到高峰或积累不明显；PA 的诱导是非专一性的，致病和非致病原都能诱导 PA 的合成。

2. 活性氧迸发

活性氧（Active oxygen species，AOS）是由于 O_2 的连续单电子还原而产生的一系列毒性中间物。在植物体中主要包括：超氧阴离子（O_2^-）、羟自由基（OH^-）和过氧化氢（H_2O_2）（邱金龙等，1998）。它们是细胞的代谢副产物，在植物体中大量产生于线粒体、叶绿体、过氧化物酶体/乙醛酸循环体和原生质膜上（蔡以滢和陈珈，1999），也能由病原物等诱导产生（Adam，1989）。植物对病原真菌、细菌、病毒的抗性通常依赖于植物在病原侵染早期能否识别病原，从而启动防卫反应，其中最快的反应之一就是活性氧的迸发。DoKe 在研究马铃薯组织切片和原生质体过敏反应（HR）时，在马铃薯茎片中接种无毒的马铃薯晚疫病菌后发现有 O_2^- 的大量积累（Jones，1997）。随后，人们用激发子处理悬浮培养细胞时也观察到了活性氧的产生（范志金等，2005）。

3. 植物防御酶系活性的变化

国内外许多学者对寄主与病原体互作过程中作为酚代谢物的主要防御酶苯丙氨酸解氨酶、过氧化物酶、多酚氧化酶以及降解几丁质的几丁质酶活性等变化进行了研究，大部分研究表明，诱导物处理寄主后过氧化物酶（李堆淑等，2007）、多酚氧化酶（李堆淑，2007）、苯丙氨酸解氨酶（李堆淑等，2007）、几丁质酶（李堆淑，2007）活性都大大增加。过氧化物酶能催化松柏醇的脱氢氧化，氧化产物可进一步聚合成木质素，木质素的形成能防御侵入的病原菌进一步扩展，并且过氧化物酶能促进多酚氧化（范志金等，2005）。多酚氧化酶能将植物体内先天性抗菌物质多酚氧化成相应的氧化物，多酚及其氧化物能使菌类必需物质——磷酸化酶和转氨酶的生成受阻，并进一步对病原菌向寄主体内蔓延的果胶分解酶和纤维分解酶起强烈的抑制作用。苯丙氨酸解氨酶是植物酚类次生物质合成代谢的关键酶（王霞，2002），经由该酶催化的苯丙烷途径能够合成黄酮、异黄酮、香豆酸酯类和木质素前体等次生酚类物质，其中许多物质能够强烈抑制病原菌的生长活性。几丁质酶能降解几丁质，而许多危害植物的病原菌（尤其真菌）细胞壁的主要成分之一是几丁质，所以几丁质酶能够分解病菌的细胞壁而抑制病菌，许多植物用诱导因子处理后，植物的几丁质酶和 β - 葡聚糖酶活性都会提高（林丽等，2006）。

4. 病程相关蛋白的产生

病程相关蛋白（Pathogenesis - relatedprotein，PR）是植物受病原侵染或不同因子的刺激、胁迫产生的一类蛋白质。病原物的侵染、苯甲酸衍生物、乙烯、水杨酸、植物激素、代谢酶、可溶性多糖及病原真菌或细菌的培养物滤液等化学和机械的非生物因素均能诱导 PR 产生（Bol et al.，1990）。Van Loon 和 Van Kammen 最早用多聚腺苷酸（PA）和病毒弱株系诱导烟草抗花叶病毒（TMV）的研究，在诱导产生过敏反应（HR）的烟草叶片中检测到几种可溶性蛋白，在电泳图谱上分成迁移率不同的条带，在总电泳图谱上表现为新的蛋白带或强烈增加的蛋白带，它们最初被定义为位于胞外空间的酸溶性抗蛋白酶的酸性蛋白质。后来，基本同系物得到证实，大部分病程相关蛋白在细胞间和液泡中积累。在大量植物的病理条件下都可发现病程相关蛋白。近来，病程相关蛋白已被重新定义为在病原物侵染后或相关情况下积累的植物蛋白。诱导 PR 的方法主要包括病原物受到生物因子处理、紫外线等物理因子处理以及乙烯、一些除草剂和水杨酸等化学因子处理。

不同诱发因子—植物系统相互作用产生的 PR 其生物特性各不相同，经纯化鉴定具有生物学活性的 PR 主要有：几丁酶、$\beta - 1，3$ - 葡聚糖酶、$\beta - 1，3 - 1，4$ - 葡聚糖酶、脱乙酰几丁酶、过氧化物酶、类甜味蛋白、α - 淀粉酶、溶菌酶等，其中几丁酶和 $\beta - 1，3$ - 葡聚糖酶研究的最多（金静等，2003）。

病程相关蛋白在性质上具有一些相似性，如分子量较小；大多是单体，非糖蛋白或脂蛋白；一般呈酸性，也具有碱性异构体；较稳定，对大多数蛋白酶不敏感；多数能分泌到细胞间隙中，也有一些存在于细胞液泡内；来自不同植物的同类病程相关蛋白，其分子结构、血清学反应等具有很大的相似性（崔晓江和彭学贤，1994）。病程相关蛋白的功能可能有攻击病原物，降解细胞壁而释放内源激发子、解毒酶、病毒外壳蛋白或抑制蛋白、二级信使分子等。

（三）分子机制

诱导抗病性要靠多种防卫基因的诱导表达和产物的协调作用才能有效地抵抗病原物的侵染。在多数情况下，防卫基因表达是诱导信号刺激后，经分子识别和信号转导，作用于基因结构中相应调控元件的结果。目前关于诱导抗性的分子机理研究的人越来越多，但许多问题尚待进一步研究解决。

1. 受体和信号识别

激发子与植物细胞质膜上的受本结合是激活防卫信号转导的起始。近年来，关于激发子受体的研究已取得了突破进展，Umemoto 等纯化了大豆根部细胞质膜上激发子受体，并得到了受体蛋白 cDNA 克隆（Umemoto et al.，1997）。Okada 等更深入的研究发现在胡萝卜、大麦和小麦的细胞质膜上存在 N－乙酰寡聚几丁质结合蛋白，这一结果表明 N－乙酰寡聚几丁质激发子结合蛋白存在于不同的植物中，进一步支持了质膜蛋白在激发子信号识别中的作用（Okada et al.，2002）。在大豆根、子叶、胚轴和悬浮细胞的膜上及其他豆科植物的原生质膜上都能检测到 β－葡聚糖激发子的特异性结合位点。

2. 信号转导

植物诱导抗病性产生的过程，从实质上看就是信号逐渐放大和传递的过程，而每次的转导都会发生相应的生化反应，进而发挥一定的生理功能，完成特定的生物学效应。从信号转导通路上的分子事件分为 4 个步骤：激发子诱导产生胞间信号，跨膜信号转换，胞内信号的转化与传递，蛋白质可逆磷酸化。

胞间信号转导：当激发子作用位点与效应位点处在植物体的不同部位时，就必然有胞间信号传递信息。作为胞间传递的分子主要是小分子物质，可以在胞间扩散，也可通过韧皮部输导到其他部位，属于次生代谢产物，如水杨酸（SA）、茉莉酸（JA）和衍生物（如 MeJA）、乙烯（ETH）以及系统素（Systemin）等分子，具有胞外信号分子的功能，参与植物防御系统的信号转导，诱导防卫基因的表达（Li et al.，2004）。

跨膜信号转换：胞间信号被细胞表面受体接受后，主要是通过膜上 G－蛋白偶联激活同样位于膜上的酶或离子道通产生胞内信使，才能完成跨膜信号转换，最终导致细胞反应。G－蛋白（CTP）在植物细胞跨膜转换中起着信号放大以及调节信号转换通路的作用，它是位于寄主植物细胞质膜内的一种信号转换蛋白或偶联蛋白。近几年来，GTP 结合试验、免疫反应、分离纯化以及分子生物学和生理试验都说明植物中存在 G－蛋白。从现有研究结果看，其效应物可能主要是 cAMP、cGMP、IP_3、Ca^{2+}/CaM，并通过级联反应使信号得以放大，一种外界信号可与多种 G－蛋白发生作用，这些 G－蛋白再作用于细胞内相应的效应物，使单一信号引起复杂的生理效应成为可能（张景昱等，1999）。除此之外，G－蛋白可能参与植物抗病反应的信号转导。

胞内信号的转化与传递：胞内信号之间的相互作用是极其复杂的。在某些情况下，一定的胞外信号可能主要通过特定的信号系统起作用，但所产生的细胞效应却不仅仅是由单一的信号系统完成的。植物对病原菌防御反应的研究表明，诱发抗病反应的信号分子是多样的，信号转导也是多途径的，不同的植物及不同类型的防卫反应有不同的信号转导途径。即使在同一植物中，不同的诱抗剂尽管可能诱导出相似的抗性反应，但也可能激活不同的信号转导途径（赵淑清和郭剑波，2003）。

蛋白质可逆磷酸化：研究表明，在"植物—病原菌"互作系统中，蛋白质磷酸化、脱磷酸化平衡是调控植物抗病防卫反应的一个重要机制（Achuo et al.，2004），可影响 PAL、PR 蛋白、植保素积累、H^+ – ATP 酶活性等与细胞抗病防卫反应相关的细胞代谢活动。胞内信使通过调节胞内蛋白质磷酸化或脱磷酸化过程而进一步传递信息。

3. 防卫基因的表达

防卫基因表达调控是刺激—信使—反应偶联中的最后环节，本身也包含基因激活、调控和产物积累的特定机制，是由特定的功能分区决定的。研究表明，防卫基因大致可分为以下两类：一类是与抗病性直接相关或主要赋予植物抗病性的基因，其编码的产物具有特异性；另一类是主要参与植物的生长发育，在植物抗病机制中最终作用的防卫反应基因，其基因编码的产物具有普遍性（彭金英和黄刃平，2005）。许多防卫反应基因也都是诱导表达的，且以基因家族出现，不同植物中的同类基因有较高的保守性。

总之，植物诱导抗病机理的研究方兴未艾，它不仅具有重要的理论价值，更有着广泛的实际意义。研究植物诱导抗病机理，有利于阐明植物抗病机制，并有利于弄清植物抗病反应中抗病性物质的作用，从而为利用这些物质提供一定的理论基础。

（四）多样性种植中诱导抗病性的应用

植物病害问题一直是制约农作物高产、稳产、优质及安全生产的主要瓶颈。化学药剂所造成的病原物抗性和环保问题，使其应用受到较多限制。植物诱导抗病性是植物主动抗病机制的一个重要方面，作为对植物病害的诱导应答，减少了植物在抗病方面所付出的种种代价，是较为经济有效的抗病策略。诱导抗性既可以在双子叶植物上应用，也可以在单子叶植物上应用。诱导抗病性优势在于多抗性、整体性、持久性和稳定性。不受生理小种的影响，大多数情况下，诱导抗病性是非特异性的。

诱导抗病性现象普遍存在，不仅同一个病原物的不同株系和小种交互接种能使植物产生诱导抗病性，而且不同种类、不同类群的微生物（病毒、细菌、真菌等）交互接种也能使植物产生诱导抗病性。有关植物诱导抗病性的研究近年来进展较快，越来越引起人们的兴趣，诱导抗病性已成为植物病理学、植物生理学及生物化学领域最活跃的研究分支之一，有些研究成果已在生产上开始推广应用，为植物病害的防治开辟了一条新途径。

非亲和性或弱致病性病原物孢子能诱发寄主对亲和性病原物的抗性。诱导致病性一般来说并不常见，诱导抗病性却极为普遍。诱导抗性的作用能使亲和性病原的成功侵染率降低，这种作用具有加和性，在病原物的每个繁殖周期都起作用，从而对病原物起到显著的抑制作用。非亲和性病原物不只诱导出局部抗性，也可能诱导出植物的系统抗性，诱导的系统抗性更为有效。

云南农业大学范静华等（2002）报道：用非亲和性小种作"诱导接种"，再用亲和性小种作"挑战接种"，对稻瘟病菌诱导植株抗性进行测定。结果表明，供试品种通过诱导接种均能诱发植株对稻瘟病的抗性，抑制亲和性小种的侵染，表现为病斑数少，病斑面积小，一般降低发病率在26%～30%之间，减轻病害程度在3%～25%之间；以稻瘟病弱致病菌株对关东51、爱知旭、新2号作诱导接种，又用稻瘟病强致病菌株、稻胡麻叶斑菌、稻白叶枯病菌进行挑战接种，不同的水稻品种均获得对这三种病害的诱导抗性；又以稻胡麻叶斑菌为诱导因子，也同样使水稻表现出了不同程度的抗瘟性。万芳（2003）研究发现：稻瘟病菌非致病菌株诱导接种处理使水稻对稻瘟病强致病性菌株产生了一定程度的抗性，以诱导接种后24小时进行挑战接种产生的抗性最强；水稻品种关东51经01－11诱导接种处理后，挑战接种水稻白叶枯病菌X8和Y10、水稻胡麻斑病菌，水稻也同样对白叶枯病菌和胡麻叶斑病菌产生了一定程度的抗性，证明了诱导抗性具有广谱性的特点。同时发现：与对照相比，经诱导接种处理过的水稻叶片内的过氧化物酶和苯丙氨酸解氨酶的活性明显升高，木质素的含量也明显增加。说明诱导抗性的产生与此三种物质有关。酶活性的增加以及木质化反应是诱导抗性可能的机制。沈瑛等（1990）研究发现：用稻瘟病菌非致病菌株和弱致病菌株预先接种，能诱导抗性，减轻叶瘟和穗瘟的发生。

在多样性混合间栽田中，稻瘟病菌的寄主品种至少为两个，两个品种的农艺性状、抗病特性及遗传背景不同，因而混栽与净栽田块稻瘟病菌的遗传宗群差异较大，在相同的遗传相似水平上，混栽田块的遗传宗群数较多，净栽田块的遗传宗群数较少；净栽田块稻瘟病菌生理小种组成相对简单，优势小种比较明显；混栽田块稻瘟病菌生理小种组成较为复杂，有较多的病菌小种群，但没有优势种群，从而大大降低了发病程度。导致这种现象的原因可能很复杂，有可能出现稻瘟病菌非致病性菌株和弱致病性菌株预先接种，从而诱导植株产生抗性，减轻叶瘟和穗颈瘟的发生。范静华等用来自云南省石屏县水稻品种多样性混合间栽及净栽田块中的汕优 63，并经 rep - PCR 分子指纹分析分属于 G1、G2、G4（在 80% 遗传相似水平）遗传宗亲群的 34 个单孢菌株，分别接种于汕优 63、汕优 22、大黄壳糯、小黄壳糯、紫糯等 5 个大面积应用的混合间栽组合品种上，筛选出分别针对每个品种的非亲和性病菌、极弱致病菌和强致病菌。先用非亲和性和极弱致病菌分别对每个品种作"诱发接种"，然后再以强致病菌作"挑战接种"，结果表明，无论是杂交稻，还是大黄壳糯、小黄壳糯、紫糯均有不同程度的诱导抗性。以非亲和性或极弱致病菌株—强致病菌株不同组合对同一品种进行接种试验，在所做的 45 个组合中，表现诱导抗性的有 22 个，占 48.88%。又以同一菌株对不同品种进行诱导接种试验，在所做的 46 个组合中，表现诱导抗性的有 24 个，占 52.17%，表明诱导抗性是多样性种植减轻病害的可能原因之一，对其深层次的机理研究正在进行之中。

通过多样性种植，巧妙利用诱导抗病性，比应用单一抗病品种和农药防治有许多优点。第一，诱导抗性抗菌谱广，通常能同时抗真菌、细菌和病毒引起的病害，而某一抗病品种或化学药剂不可能具有如此广泛的抗菌谱；第二，诱导抗性是较稳定的，并且抗性较持久，且往往是整体的，一年生植物的整个生命过程都能持续保持；第三，诱导抗性对植物和人畜安全，不会污染环境；第四，诱导抗性可以通过嫁接传递，有可能提供一个更广阔的免疫领域。

四、病原群体遗传结构复杂化

在自然选择中，生物的大多数形态和生理性状都有利于它们在所处的环境中表现出一种连续变异，而且受稳定化选择支配。农业生态系统特别是植物病害系统对病原菌群体遗传起到定向性选择的作用，在农田生态系统中，寄主—病原物群体水平上的相互作用主要是品种—小种群体水平上的互作。这种互作是指几组品种对病原菌小种的选择和病原物群体致病性遗传结构怎样决定寄主各品种发病受害程度，涉及寄主对病原物的定向选择和稳定化选择。

稻瘟病菌在漫长的进化过程中形成了遗传上的多样性和复杂性，使得在致病性方面也表现为多变性，因而育成品种往往会由于稻瘟病变异而被生产淘汰。解决这一问题的措施之一是不断培育新的抗病品种，但这些抗病品种经过连续几年的单一种植后，其抗病性又很快"丧失"，出现了育种速度赶不上品种抗性丧失速度这样一种恶性循环。品种的抗病性是针对病原菌不同生理小种而反映出来的，而生理小种的组成也依赖于水稻品种的组成，当品种组成改变时，往往导致生理小种组成的改变。鉴于此，有必要充分挖掘品种的抗性资源，在生产上避免单一品种或具有同一亲源的不同品种在同一地区大面积连续种植，而将遗传背景差异大的品种合理搭配、轮换种植和更新，以防止品种单一化和优势小种的形成，以稳定稻瘟病菌生理小种组成，防止稻瘟病大面积发生与流行，延长品种可利用的年限，从而减少农药的使用量，减少对生态环境的破坏。

云南农业大学采用 Pot2 – rep – PCR 和致病性测定的方法研究了 1999—2000 年从石屏县水稻品种多样性种植稻区采集的稻瘟病标样上分离得到 251 个稻瘟病菌的群体遗传结构，证实了水稻品种多样性种植有利于稻瘟病菌的稳定化选择。

Pot2 重复序列（稻瘟病菌的一段倒位重复序列）能反映稻瘟病菌群体的遗传多样性，将不同年份净栽和间栽田块的病菌扩增结果进行聚类分析，结果表明：1999 年石屏县 113 个稻瘟病菌株在 0.65 相似水平上划分为 4 个遗传宗群。来自净栽杂交稻田块的 46 个菌株均聚类在 G1 宗群；来自净种糯稻田间的 33 个菌株聚类在 G2、G3、G4 宗群中，G2 宗群有 11 个菌株；G3 宗群有 1 个菌株；G4 宗群包含 21 个菌株；来自杂交稻与糯稻混栽田块的 34 个菌株聚类在 G1、G3、G4 宗群。2000 年 133 个稻瘟病菌株在 0.65 相似水平上划分为 6 个遗传宗群 G1'、G2'、G3'、G4'、G5'、G6'。来自净栽杂交稻田块的 49 个菌株均聚类在 G1' 宗群；来自净栽糯稻田间的 42 个菌株聚类在 G3'、G4' 和 G6' 宗群；来自糯稻与杂交稻混栽田块的 27 个稻瘟病菌株聚类在 G1'、G2'、G3'、G4' 和 G5' 宗群，G1' 宗群有 9 个菌株。

62 个稻瘟病菌株被鉴定为 7 群 15 个小种。来自汕优 63/黄壳糯混栽田块的菌株鉴定为 6 群（ZB、ZC、ZD、ZE、ZF、ZG），7 个小种；来自净栽黄壳糯田块的菌株鉴定为 4 群（ZC、ZD、ZE、ZG），4 个小种；来自净栽汕优 63 田块的菌株被鉴定为 3 群（ZA、ZB、ZC），10 个小种。净栽汕优 63、净栽黄壳糯田块稻瘟病菌小种类群较少，净栽汕优 63 田块的 28 个菌株鉴定为 3 群，净栽黄壳糯田块的 10 个菌株鉴定为 4 群，混栽汕优 63/黄壳糯田块的 24 个菌株鉴定为 6 群，其中 ZB 为净栽汕优 63 田块优势种群，占 75%，ZG1 为净栽黄壳糯田块优势小种，占 70%，ZG1 为混栽汕优 63/黄壳糯田块的优势小种，占 41.7%。比较混栽田块与净栽田块小种组成可以看出，混栽汕优 63/黄壳糯田块的稻瘟病菌生理小种类型比净栽汕优 63、净栽黄壳糯田块的小种类型丰富，且混栽田块优势小种所占比例没有净栽田块所占的比例大。

净栽杂交稻和净栽糯稻田间遗传宗群及生理小种组成较少，较单一，且优势宗群或生理小种明显，而间栽田间遗传宗群及生理小种较净栽田间多，优势宗群不明显。由此说明，间栽田间品种遗传背景差异大，病原菌的遗传结构就比净栽田间病菌的遗传结构复杂，也就是说间栽田间稻瘟病菌遗传多样性更丰富，菌株遗传宗群复杂度与栽培方式有一定的相关性。

分子指纹技术和传统生理小种测定研究水稻品种多样性田间稻瘟病菌遗传结构和生理小种组成，其结果都表明了无论是以 DNA 指纹技术还是传统生理小种测定分析稻瘟病菌群体结构，水稻品种单一种植田间，稻瘟病菌遗传宗群、生理小种组成均较为单一，容易造成对稻瘟病菌毒性小种的定向选择；而品种多样性种植田间稻瘟病菌遗传宗群和生理小种组成丰富。水稻品种多样性种植有利于稻瘟病菌的稳定化选择。

第二节　生态学基础

前面已经对植物病害三角中寄主和病原及其相互作用进行了详细论述，这部分将着重对环境改善进行论述。作物病害生态系统是农业生态系统中的一个子系统，由寄主、病原物及其所处的生态环境构成，作物的抗病性、病原物的致病性和环境（包括人的活动）的相互作用导致特异性的病害反应。利用遗传多样性控制作物病害就是应用生物多样性与生态平衡的原理，进行农作物品种的优化布局和种植，增加农田的遗传多样性，保持农田生态系统的稳定性；创造有利于作物生长，而不利于病害发生的田间微生态环境；有效地减轻植物病害的危害，大幅度减少化学农药的施用和环境污染，提高农产品的品质和产量，保障粮食安全，最终实现农业的可持续发展。

一、农田生态环境与作物病害流行

农田生态环境条件（生物、土壤气候、人为因素等）对病原物侵染寄主的各个环节都会发生深刻而复杂的影响。它不但影响寄主植物的正常生长状态、组织质地和原有的抗病性，而且影响病原物的存活力、繁殖率、产孢量、传播方向、传播距离以及孢子的萌发率、侵入率和致病性。另外，环境也可能影响病原物传播介体的数量和活性，各因子间对病害的流行还会出现各种互作或综合效应（王子迎等，2000）。

影响植物病害流行最重要的环境因素是光照、湿度和温度。雨、雾、露、灌溉所造成的长时间的高湿度不但促进了寄主长出多汁和感病的组织，更重要的是它促进了真菌孢子的产生和细菌的繁殖，促进了许多真菌孢子的释放和细菌菌脓在叶表的流动传播；高湿度能使孢子萌发，使游动孢子、细菌和线虫活动。持续的高湿度能使上述过程反复发生，进而导致病害流行。反之，即使是几天的低湿度，亦可阻止这些情况的发生而使病害的流行受阻或完全停止。病毒和菌原体导致的病害间接受到湿度的影响，如病毒的介体是真菌和线虫，高湿度使其活动增强；如病毒和菌原体的介体是蚜虫、叶蝉和其他昆虫，高湿度则使它们的活动减弱，所以在雨季这些介体的活动明显降低。高于或低于植物最适范围的温度有时有利于病害的流行，原因是降低了植物的水平抗性，在某些情况下甚至可以减弱或丧失主效基因控制的垂直抗性。生长在这种温度下的植物变得容易感病，而病原物却仍保持活力或比寄主受到不良温度的压力较小。寒冷的冬季能减少真菌、细菌和线虫接种体的存活率，炎热的夏季亦能减少病毒和菌原体存活的数量。此外，低温还能减少冬季存活的介体数目，在生长季节出现的低温能减少介体的活动。温度对病害流行最常见的作用是在发病的各个阶段对病原物的作用，也就是孢子萌发或卵孵化、侵入寄主、病原物的生长和繁殖、侵染寄主和产生孢子。温度适宜，病原物完成每一个过程的时间就短，这样在一个生长季节里就会导致更多的病害循环。由于经过每一次循环，接种体的数量增加许多倍，新的接种体可以传播到其他植物上，多次的病害循环导致更多的植物受到越来越多的病原物侵染，很容易造成病害大流行（宗兆峰，2002）。

植物侵染性病害的流行，需要在其发生发展全过程的各个阶段依次都遇到适宜的或较适宜的环境条件。如中国华北的冬小麦锈病在越夏菌源（孢子）自西北吹来期间，必须有适时的雨露才能使秋苗发病；冬季必须温暖或有长期积雪覆盖地面，病菌才能大量越冬；麦苗返青后还需春雨较多，才能引致流行。有些环境因素是通过改变寄主的生理状况和抗病性而影响病害的，如氮肥过多对稻株抗稻瘟病能力的削弱。有些则通过影响病原物而影响病害，如湿凉多雨有利于小麦条锈病菌的萌发侵入。同一因素对寄主和病原的影响，有的是同向的，如高湿既利于马铃薯晚疫病菌孢子的萌发，又可使马铃薯的细胞膨压增高而易于感病；有的是反向的，如水稻穗期遇 20℃ 以下的低温时，虽不利于稻瘟病菌孢子的萌发侵入，却因同时削弱了水稻的抗瘟性而导致穗瘟。在病害发生的某个阶段，常是若干个有关的环境因素综合地发生作用。各个因素之间常相互制约，也可相互补偿。如当温度超过 20℃ 时，即使湿度条件适宜，小麦条锈病菌也不能发生侵染，因 20℃ 已超过了条锈病菌侵入的最高温限，成为限制因素。而如人工接种小麦条锈病菌，在露时（植物体表湿润或结露持续的小时数）为 24 小时和露温（结露时间内的平均温度）为 1℃ 时，同露时为 4 小时和露温为 9℃ 时的发病数量基本相近，即延长露时可补偿露温偏低之不足，或露温条件好（9℃ 接近最适露温）可补偿露时过短之不利。有些环境因素对病害可即时发生作用，产生明显的当时效应，如湿度对病菌孢子萌发侵入的作用。有些则当时效应不显著，而后效深远。后一种情况容易被忽视，如水稻在遭受连续数日的低温后（低于 20℃），再进入正常温度，3~6 天后抗瘟性显著降低；苹果树遇秋季温暖和多雨的气候条件，则冬前徒长，过冬树势衰弱，次春干枯病往往严重。

植物传染病只有在以下 3 方面因素具备时才会流行：寄主的感病性较强，且大量栽培，密度较大；病原物的致病性较强，且数量较大；环境条件特别是气象土壤和耕作栽培条件有利于病原物的侵染、繁殖、传播和越冬，而不利于寄主的抗病性。如为生物介体传播的病害，则还需介体数量大或繁殖快。这些因素的强度或数量都各自在一定幅度内变化，从而导致流行程度的改变。其中的主导因素，就是能使流行程度变幅最大的因素。一般说，当作物品种和耕作栽培技术均无重大变化时，造成病害流行程度年间变动的主导因素往往是气象因素。如在较长时间（几十年间）中病害流行情况发生阶段性变化（如若干年份内由重到轻，其后若干年份又逐年增重），则主导因素多半在于品种更替或耕作制度的变革。

植物病害的大流行，大多是人为的生态平衡失调的结果。在原始森林和天然草原中，虽有多种病害经常零星发生，却很少有某种病害发展到毁灭性的流行程度。这是因为在自然生态系统中，多种植物交杂混生，互相隔离，植物的种间、种内异质性大大限制了病害的流行。再者由于天然屏障（海洋、高山、沙漠）

的隔离，植物病害的地区扩展也很受局限。这样就使某种病原物与其寄主共存于同一地域，长期相互适应，达到了一定的动态平衡。就群体而言，寄主抗病性和病原物致病性大体上势均力敌。这种动态平衡是寄主和病原物长期共同进化的历史产物。然而农业生产活动则使这种生态平衡受到干扰。尤其是在现代农业中，不仅大面积种植的植物种类愈来愈少，而且品种的单一化、遗传的单一化以及抗病基因的单一化趋势愈来愈强，寄主群体的遗传弹性愈来愈小。同时，密植、高水肥的农田环境加大了病害的流行潜能，新技术措施不断改变着植物病害的生态环境，引种和农产品贸易活动不断地将病原物引入新区（无病区）。在这样的情况下，就必然导致一些病害的流行波动幅度增大，流行频率增高，流行程度加重。

二、水稻遗传多样性间作对田间光照的影响

（一）改善冠层光照强度

在单作情况下，同种作物各植株的叶片分布在同一空间内，生长速度又比较一致，生育前期叶面积小，绝大部分阳光漏在地上，在生育中、后期，因植株长起来郁闭封行，大部分阳光被上层的叶片所吸收或反射，而中、下层的叶片，则处于较微弱的光照条件下，光合率低，光能的利用很不经济。在水稻高、矮秆品种间作的情况下，一方面，由于叶片层次多，有效光合叶面积增大，可充分利用作物生育中后期的光照，提高光能利用率；另一方面，由于不同品种的株高、株型、叶型等的不同，在农田中形成了高低搭配、疏密相间的群体结构，矮秆品种生长的地方，成为高秆糯稻通风透光的"走廊"，光线可通过这一"走廊"直射到高秆品种中、下部；再者由于矮秆杂交稻的叶面反射，田间漫射光也大为增加，从而使间作能发挥田间群体利用光能的效益（陈盛录，1986）。

云南农业大学的研究发现，水稻遗传多样性间作不同行比，植株冠层上部、中部和下部的光照强度均随杂交稻行数增加而明显上升。在冠层上部，随着杂交稻行比及种群结构的增加而增加的效果明显；在冠层中部，在行比为 1:4 以前的随杂交稻增加而上升的效果明显，在行比为 1:5 以后，随行比的增加光照增加的趋势趋于缓和，说明随种群结构的增加光照的增加有一个限度；在冠层下部，各种种群结构亦有随杂交稻行比的增加而上升的趋势，在行比为 1:3 之前，随行比增加而光照增加的效果显著，在行比为 1:3 之后，这种趋势不太显著（表 6 - 3）。

　　水稻品种多样性种植，混栽田块由于选用株高不同的品种混栽，形成立体植株群落，改变了田间小气候，减少了植株间的互相遮盖，形成受光良好的株型，增加通风透光，有利于光合作用和呼吸作用的进行，提高光合作用和呼吸作用的效率（高尔明等，1998），使水稻对硅的吸收增加。而硅在植株表皮组织内沉淀，增加其机械强度，使稻叶宽厚硬挺开张角度小，弯曲度也小，减少叶片互相遮阴，又可增加通风透光，提高群体的光合效率。如此形成一个相辅相成的良性循环。

表6-3　不同种群结构下糯稻冠层不同部位的光照强度（单位：$\times 10^4$ lx）（朱有勇，2007）

糯稻部位	糯稻行数：杂交稻行数								
	1:0	1:1	1:2	1:3	1:4	1:5	1:6	1:8	1:10
冠层上	5.46	5.92	6.00	6.1567	6.16	6.29	6.69	6.72	6.84
冠层中	0.855	1.08	1.13	1.18	1.5617	1.5933	1.64	1.64	1.69
冠层下	0.0633	0.064	0.07	0.112	0.119	0.1233	0.132	0.133	0.135

（二）改善冠层光合有效辐射

　　光合有效辐射（Photosynthetically active radiation，PAR）是指能被绿色植物用来进行光合作用的那部分太阳辐射。国内外学者对于单作模式下作物冠层入射、透射、反射光合有效辐射、冠层截获的光合有效辐射以及光合有效辐射截获量与叶面积指数的关系都做了深入研究（Hipps et al.，1983；McCree，1972；项月琴和田国良，1998；周晓东等，2002），而对于间套作条件下作物冠层内光能分布规律研究不多（潘学标等，1996）。而间作套种在我国农业生产中占有很重要的地位，研究间作种植模式下光合有效辐射特性，可以为间作种植模式的完善和发展提供理论依据。

　　云南农业大学对水稻遗传多样性间作下的光合有效辐射进行了研究（表6-4，图6-1、6-2）。研究结果表明：在孕穗期和灌浆期，不同行比植株冠层不同部位的光合有效辐射不同，在相同部位均有随着杂交稻行比增加而增加的趋势。孕穗期中，植株冠层上部的光合有效辐射在净栽糯稻中仅为433.00μmol·$m^{-2}s^{-1}$，糯稻与杂交稻行比为1:1时增加为604.19μmol·$m^{-2}s^{-1}$，除1:2时为539.29μmol·$m^{-2}s^{-1}$，比1:1的行比下有所下降，1:4的比1:3有所下降外，其余情况下都是随着杂交稻行比和种群结构的增加，光合有效辐射在逐渐增强。

表 6 - 4　不同行比下糯稻的光合有效辐射（单位：μmol photon·m^{-2}s^{-1}）（朱有勇，2007）

糯、杂 行比	孕穗期光合有效辐射						灌浆期光合有效辐射					
	冠层下	增幅	冠层中	增幅	冠层上	增幅	冠层下	增幅	冠层中	增幅	冠层上	增幅
1:0	15.46	—	97.00	—	433.00	—	89.20	—	157.23	—	669.32	—
1:1	6.46	-0.58	128.87	0.33	604.19	0.40	111.63	0.25	213.75	0.36	737.22	0.10
1:2	45.03	1.91	265.00	1.73	539.29	0.25	176.58	0.98	331.54	1.11	749.06	0.12
1:3	17.03	0.10	221.00	1.28	1179.75	1.72	187.00	1.10	367.00	1.33	728.97	0.09
1:4	8.98	-0.42	342.49	2.53	1013.31	1.34	206.90	1.32	373.32	1.37	760.00	0.14
1:5	9.81	-0.37	381.92	2.94	1183.29	1.73	210.00	1.35	408.49	1.60	770.00	0.15
1:6	20.78	0.34	377.47	2.89	1322.80	2.05	207.00	1.32	388.09	1.47	746.00	0.11
1:8	61.44	2.98	630.73	5.50	1335.52	2.08	203.00	1.28	388.81	1.47	770.00	0.15
1:10	22.71	0.47	853.28	7.80	1419.21	2.28	203.00	1.28	386.00	1.46	770.00	0.15

增幅（倍）=（混合间栽糯稻 PAR - 净栽糯稻 PAR）/｜净栽糯稻 PAR｜

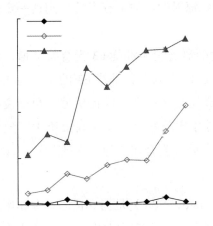

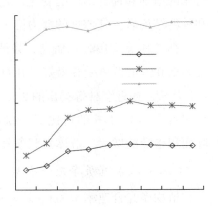

图 6 - 1　孕穗期光合有效辐射行比　　　　图 6 - 2　灌浆期光合有效辐射行比

凡是混合间栽的处理，光合有效辐射均比净栽糯稻时要高，增加的倍数在 0.25 ~ 2.28 之间。冠层中部的观测结果与冠层上部的相似，即随着行比及种群结构的增加，光合有效辐射逐渐升高，净栽糯稻的光合有效辐射仅为 97.00μmol·m^{-2}s^{-1}，行比为 1:1、1:2、1:3、1:4、1:5、1:6、1:8 和 1:10 下的光合有效辐射依次分别为：128.87μmol·m^{-2}s^{-1}、265.00μmol·m^{-2}s^{-1}、221.00μmol·m^{-2}s^{-1}、342.49μmol·m^{-2}s^{-1}、381.92μmol·m^{-2}s^{-1}、377.47μmol·m^{-2}s^{-1}、

$630.73\mu mol \cdot m^{-2}s^{-1}$ 和 $853.28\mu mol \cdot m^{-2}s^{-1}$，增加的倍数在 $0.33 \sim 7.80$ 之间。冠层下部各行比下的光合有效辐射变化不大，且随着杂交稻行比和种群结构的增加而上升的趋势不明显。

灌浆期测定的结果与孕穗期有所不同，在糯稻植株冠层上部的光合有效辐射变化不大，但各混合间栽模式下的光合有效辐射均较净栽糯稻的要高。净栽糯稻的光合有效辐射为 $669.32\mu mol \cdot m^{-2} \cdot s^{-1}$，$1:1 \sim 1:10$ 的为 $728.97 \sim 770.00\mu mol \cdot m^{-2}s^{-1}$，增加倍数在 $0.1 \sim 0.15$ 之间；冠层中部的光合有效辐射随着行比增加和种群结构的变化，上升速度较快，尤其是在行比为 $1:5$ 以前，到 $1:5$ 时达到最高（$408.49\mu mol \cdot m^{-2}s^{-1}$），此后从 $1:6 \sim 1:10$ 之间的变化不大，在 $388.09 \sim 388.81\mu mol \cdot m^{-2}s^{-1}$ 间；冠层下部的情况与冠层中部相似：在 $1:4$ 以前随杂交稻行比和种群结构的增加，光合有效辐射增加得较快，净栽糯稻仅为 $89.20\mu mol \cdot m^{-2}s^{-1}$，$1:5$ 时增加到了 $210.00\mu mol \cdot m^{-2}s^{-1}$，增幅在 $0.25 \sim 1.35$ 倍之间，而在 $1:6$、$1:8$ 和 $1:10$ 的行比下相互之间差异较小，增加得相对较为缓慢。说明随行比的增加和种群结构的变化，光合有效辐射的增加是有限的。到达一定的行比和种群结构后，其增加的潜力已不大。

据李林等（1989）研究，栽插密度能显著影响汕优 63 光合特征值，栽插密度为 2.0 万的群体受光最好。在行比为 $1:4 \sim 1:6$ 时，汕优 63 的密度为 2.0 万 ~ 2.1 万丛，接近李林等提出的 2.0 万的最佳受光密度。这也从另一角度说明，混合间栽在 $1:4 \sim 1:6$ 的行比下，综合效应才比较好。而在净栽田块中，随着群体叶面积指数的增大，群体光照条件恶化，叶片光合速率随之降低。

（三）改善冠层净光合速率

植物净光合速率（Net photosynthesis rate，NPR）是指真正的光合作用速率减去呼吸作用速率，它体现了植物有机物的积累。云南农业大学对水稻遗传多样性间作下植株冠层不同部位的 NPR 进行研究，发现 NPR 随着杂交稻行比和种群比例增加而增加（表 6 – 5）。孕穗期，净栽糯稻植株冠层上部的净光合速率为 $19.70\mu mol\ CO_2 \cdot m^{-2}s^{-1}$，糯稻与杂交稻的行比为 $1:1$（种群结构为 $1:2.92$）时为 $23.06\mu mol\ CO_2 \cdot m^{-2}s^{-1}$，在行比为 $1:1$ 以后的种群结构中，均比净栽糯稻高，增加的倍数在 $0.17 \sim 2.45$ 间；冠层中部的净光合速率均随杂交稻行比和种群结构的增加而上升，且都增加 30 倍以上，在行比为 $1:10$ 的种群结构中，比净栽糯稻增加了 92.02 倍；冠层下部的情况大致相同，与净栽糯稻相比，各处理中净光合速率均比糯稻的高，但随杂交稻行比及种群结构的增加而上升的趋势不明显。

表 6-5　不同行比下糯稻冠层的净光合速率（单位：$\mu mol\ CO_2 \cdot m^{-2} s^{-1}$）（朱有勇，2007）

糯、杂行比	孕穗期光合有效辐射						灌浆期光合有效辐射					
	冠层下	增幅	冠层中	增幅	冠层上	增幅	冠层下	增幅	冠层中	增幅	冠层上	增幅
1:0	-60.05	—	-0.92	—	19.70	—	15.00	—	4.00	—	10.23	—
1:1	25.27	1.42	29.28	32.97	23.06	0.17	20.00	0.33	11.27	1.82	28.87	1.82
1:2	52.67	1.88	34.00	38.11	28.30	0.44	20.62	0.37	16.34	3.08	30.00	1.93
1:3	-55.33	0.08	49.59	55.13	34.40	0.75	21.70	0.45	25.69	5.42	30.75	2.01
1:4	75.62	2.26	38.00	42.48	31.03	0.58	24.23	0.62	26.30	5.57	50.07	3.90
1:5	-71.17	-0.19	39.40	44.01	30.65	0.56	24.00	0.64	51.35	11.84	55.85	4.46
1:6	45.97	1.77	43.00	47.94	35.36	0.80	25.10	0.67	52.70	12.18	84.00	7.21
1:8	22.14	1.37	68.94	76.25	58.68	1.98	60.06	3.00	52.00	12.00	80.70	6.89
1:10	-7.07	0.88	83.38	92.02	67.87	2.45	57.50	2.83	49.30	11.33	78.00	6.63

增幅（倍）=（混合间栽糯稻 PAR - 净栽糯稻 PAR）/ | 净栽糯稻 PAR |

灌浆期冠层上部的净光合速率随杂交稻种群比例的增加而上升的趋势比较明显，均在 1:6（种群比例为 1:15.82）的行比下达到最高值 $84.00\mu mol\ CO_2 \cdot m^{-2} s^{-1}$，1:8 和 1:10 的行比下与 1:6 的行比相比有所下降，但与净栽糯稻相比均升高，增幅在 1.82~7.21 倍之间；冠层中部与冠层上部的趋势基本一致，与净糯相比增加 7.27~48.70$\mu mol\ CO_2 \cdot m^{-2} s^{-1}$，增大倍数在 1.82~12.18 之间；冠层下部在 1:6 的行比之前变化不大，在行比为 1:8 时（种群结构为 1:23.58）下达到最高，其值为 $60.06\mu mol\ CO_2 \cdot m^{-2} s^{-1}$。

在栽培措施基本一致的情况下，水稻群体净同化率的大小明显地受温、光因子所制约。一般在同一生育阶段，温度高、日照多时，群体净同化率高，各生育阶段均有一致的趋势。混合间栽中冠层不同部位光照强度随行比的增加而上升的现象，说明混合间栽有利于增强植株的透光性，也有利于植株中下部叶片的光合作用，对提高植株的净光合速率、增加干物质积累及降低冠层中下部的湿度、减少病原菌入侵机会有利。

三、遗传多样性种植对温度的影响

冠层温度指作物冠层茎、叶表面温度的平均值（董振国，1984）。近十几年来，由于红外测温技术的应用，人们在禾本科、豆科等许多作物上均发现冠层温度存在明显的差异（Reynolds et al.，1997；Fischer et al.，1998；王长发和张嵩午，2000），而且这种差异与作物的经济产量（张嵩午，1997；张嵩午和王长发，1999a，1999b；冯佰利等，2001，2002）及抗旱性密切相关（Reynolds et al.，1994；Rashid et al.，1999）。冠层温度由此也逐步成为指导作物品种选育和栽培管理的重要指标（邓强辉等，2009）。前面对温度与病原菌的关系已有涉及，这里主要介绍作物冠层温度对产量的影响。

（一）冠层温度与作物产量的关系

研究表明，小麦等禾本科作物灌浆期的冠层温度与作物产量负相关，且随灌浆进程的推移负相关性呈上升趋势（李向阳等，2004）。朱云集等（2004）进一步指出，不同品种、播期和播量处理的小麦冠层温度均在灌浆末期对产量影响最大。冬小麦灌浆中后期冠层温度每升高1℃，产量减少近280kg·hm^{-2}（樊廷录等，2007）。冠层温度主要通过千粒重和结实率影响最终产量。李向阳等（2004）研究发现，整个灌浆期间小麦冠层温度与产量主要构成因素大部分呈负相关，仅与穗粒数在灌浆始期和中期呈微弱的正相关。其影响程度由大到小依次为千粒重、生物产量、经济系数、穗数和穗粒数。朱云集（2004）也指出，在灌浆末期，冠层温度低对增大小麦灌浆强度、延缓衰老、提高粒重有明显作用。在水稻方面，土壤含水量下降时，冠层温度上升（Chauham et al.，1999；张文忠等，2007）；扬花期的冠层温度与稻谷产量、结实率均呈显著负相关。

（二）冠层温度影响产量的生理机制

子粒灌浆期作物冠层温度之所以与产量表现相关，特别在灌浆中后期对产量影响较大，原因在于冠层温度影响着作物灌浆的生理生化过程。灌浆期间冠层温度低的小麦品种叶片功能期长、叶绿素含量高、蒸腾旺盛、光合能力较强、衰老慢，有利于体内碳氮代谢和子粒的灌浆充实（张嵩午等，1996；冯佰利等，2002）。从乳熟初期到乳熟末期，冠层温度与小麦旗叶净光合速率、蔗糖磷酸合成酶（SPS）活性、叶绿素含量以及有效绿叶数、顶三叶绿叶面积比率呈负相关；而与旗叶丙二醛含量呈正相关，且随着灌浆进程的推进，相关系数均有增加的趋势，在乳熟后期和乳熟末期，均达到极显著水平（赵鹏等，2007a）。苗芳等（2005a，2005b）进一步证明，在小麦和绿豆灌浆期叶片结构上，低温种质较高温种质叶肉细胞小，排列紧密，叶肉细胞层数较多；叶绿体数量多，叶绿体基粒片层丰富；叶片维管束密集；随着生育期向成熟趋近，叶肉细胞、叶绿体、子粒腹沟区有色层细胞等结构衰老缓慢。因而，冠层温度低的作物品种其光合作用能力较强，且维持时间较长。

在子粒的淀粉合成方面，子粒中的蔗糖合成酶（SS）活性与冠层温度呈负相关，在乳熟后期和末期均达到极显著水平（赵鹏等，2007a）。子粒中可溶性蛋白含量与冠层温度呈负相关，且在乳熟后期的负相关性较在乳熟初期的明显要大。子粒淀粉积累速率与冠层温度的相关系数在乳熟初期不显著，而在乳熟后期达到显著水平。说明冠层温度低的品种其库端利用同化物的能力要强于冠层温度高的，尤其在乳熟后期。这是冠层温度低、潜在库容大的作物品种产量较高的重要生理机制。

（三）影响冠层温度的生物因素

冠层温度的基因型差异。在相同背景条件下，不同基因型冠层温度存在的差异被称为冠层温度分异特性（黄景华等，2005）。在气候背景、土壤条件、栽培措施完全相同的情况下，以当地生产上长期种植的骨干品种作为对照，整个灌浆成熟期间，冠层温度与对照品种相当或持续偏低的作物品种称为冷型品种；而与对照品种相比持续偏高的品种称为暖型品种；冠层温度具有高低波动的品种称为中间型品种（张嵩午等，1997；张嵩午和王长发，1999b；李永平等，2007）。在小麦冠层温度研究中，中间型又称为多态性小麦（张嵩午等，2000，2002），其性状具有冷型态、暖型态和中间态。

研究表明，不同基因型小麦（Blum et al.，1989；Ayeneh et al.，2002；张嵩午等，2006）、绿豆（苗芳等，2005b；张嵩午等，2006）、棉花（韩磊等，2007）、大豆（李永平等，2007）的冠层温度均存在差异，且不因气候条件的改变而发生根本性的变异，具有很高的稳定性。樊廷录等（2007）和赵鹏等（2007a）进一步指出，不同灌浆结实阶段，小麦品种间冠层温度分异的程度为：乳熟末期＞乳熟后期＞乳熟前期＞乳熟初期＞开花期。冠层温度冷型材料较暖型材料表现出偏好的生物学性状。例如，冷型材料叶片功能期长、叶绿素和蛋白质含量高、丙二醛（MDA）含量较低、超氧化物歧化酶活性强、蒸腾速率和净光合速率较高等（张嵩午等，2006；李永平等，2007；韩磊等，2007）；冷型材料叶肉中栅栏组织和海绵组织细胞排列紧密，细胞间隙较少，叶片衰老缓慢等（苗芳等，2005b）。因而，冷型小麦在干旱胁迫下表现出代谢功能较好、活力旺盛和抗早衰能力较强的特征（冯佰利等，2005）。所以，作物品种选育以冷型材料为亲本或育种以冷型作为目标性状之一值得重视。

在间作稻田系统中，同一生育期植株不同冠层部位温度不同，一般冠层上的温度高于冠层下的温度，而冠层下的温度又高于冠层中的温度。在不同种群结构的同一冠层高度下，植株叶片温度随着杂交稻行比的增加而升高。在同一时期同一冠层高度中，不同种群结构中均以净栽糯稻的叶温最低。上午10：30～11：30，混合间栽中的糯稻植株冠层不同部位的叶片温度在灌浆期均高于净栽糯稻，在孕穗期多数混栽处理高于净栽糯稻（表6－6）。在孕穗期，冠层上部净栽糯稻的叶温为33.17℃，在混合间栽中冠层同一部位升高0℃～2.51℃不等；冠层中部1：2～1：5的叶温比净栽糯稻的略低，1：6、1：8和1：10的比净糯的分别高出0.42℃、0.67℃和1.39℃；冠层下部除1：2的比净糯低0.05℃外，其余混合间栽种群结构中均比净糯高出0.34℃～2.02℃。在灌浆期上午10：30～11：30，冠层上、中、下部的混合间栽中糯稻的叶温均比净栽糯稻冠层同一部位的叶温高。混合间栽糯稻冠层上部的叶温比净糯的高出0.91℃～2.51℃，冠层中部的间栽糯稻的比净糯的高出0.6℃～2.27℃，冠层下部的高出0.45℃～2.18℃（表6－6）。

表6－6　不同行比下糯稻不同部位的叶温（朱有勇，2007）

糯、杂行比	孕穗期叶温（℃）						灌浆期叶温（℃）					
	冠层下	差值	冠层中	差值	冠层上	差值	冠层下	差值	冠层中	差值	冠层上	差值
1：0	32.87	—	33.31	—	33.17	—	29.92	—	30.09	—	30.46	—
1：1	33.38	0.51	33.57	0.26	33.17	0.00	30.83	0.91	30.69	0.60	30.91	0.45
1：2	32.82	-0.05	33.05	-0.26	33.77	0.60	31.09	1.17	30.97	0.89	31.21	0.74
1：3	33.35	0.48	33.23	-0.08	33.99	0.82	32.00	2.08	31.82	1.73	32.21	1.75
1：4	33.21	0.34	33.11	-0.20	34.40	1.23	32.43	2.51	32.04	1.95	32.64	2.18
1：5	33.25	0.38	33.17	-0.14	33.61	0.44	32.22	2.30	32.20	2.11	32.58	2.12
1：6	33.81	0.94	33.73	0.42	34.33	1.16	32.12	2.20	32.35	2.27	32.27	1.80
1：8	34.34	1.47	33.98	0.67	34.60	1.43	31.16	1.24	31.24	1.15	31.22	0.76
1：10	34.89	2.02	34.70	1.39	35.21	2.04	31.04	1.12	31.26	1.17	31.16	0.70

差值＝混合间栽冠层的叶温－净栽糯稻同冠层叶温

光合作用的过程是酶促反应过程，根据生物学温度的三基点理论，净光合速率应与温度呈二次曲线型关系（刘静等，2003），即在一定的范围内，光合速率随温度的升高而升高，有利于植株光合产物的积累，但超过某一温度后，光合速率反而随温度的升高而下降。就水稻而言，光合速率随温度升高而加快的上限是35℃。因而，在35℃以下，叶片温度的升高，有利于光合作用的进行。在本研究中，不同种群结构的同一冠层高度下，植株叶片温度随着杂交稻行比的增加和种群结构的变化而升高，且均在 35℃ 以内，同期净光合速率也随着杂交稻行比的增加而上升。

四、水稻遗传多样性对田间湿度的影响

农田中的空气湿度状况主要取决于农田蒸散（即土壤蒸发和植物蒸腾之和）和大气湿度两个因素。农田作物层内土壤蒸发和植物蒸腾的水汽，往往因为株间湍流交换的减弱而不易散逸，故与裸地相比农田中的空气湿度一般相对较高。

绝对湿度沿垂直方向分布的情况同温度近似。在植物蒸腾面不大、土壤或水面蒸发为农田蒸散主要组成部分的情况下，农田中绝对湿度的铅直分布，均呈白天随离地面高度的增加而减少、夜间则随高度而递增的趋势。在作物生长发育的盛期，作物茎叶密集，植物蒸腾在农田蒸散中占主导地位，绝对湿度的铅直分布也有变化。邻近外活动面的部位，在白天是主要蒸腾面，因而中午时分绝对湿度高；到了夜间，这一部位常有大量的露和霜出现，绝对湿度就低。

农田中相对湿度沿垂直方向的分布比较复杂，它取决于绝对湿度和温度。一般在作物生长发育初期，不论白天和夜间，相对湿度都是随高度的升高而降低。到生长发育盛期，白天在茎叶密集的外活动面附近，相对湿度最高，地面附近次之；夜间外活动面和内活动面的气温都较低，作物层中各高度上的相对湿度都很接近。生长发育后期，白天的情况和盛期相近，但夜间由于地面气温低，最大相对湿度又出现在这里。

（一）田间微环境相对湿度的变化

云南农业大学对水稻遗传多样性间作田间微环境相对湿度的变化进行的研究表明，高秆优质稻与矮秆杂交稻混合间栽能显著地降低田间微环境的相对湿度（表 6-7、图 6-3）。2000 年，在 58 天的调查中，净栽黄壳糯与净栽紫糯的相对湿度分别有 24 天和 19 天达到饱和（100%），达 95%~99% 的分别有 11 天、13 天，达 90%~94% 的分别有 11 天、6 天，90% 以下的分别有 12 天、20 天；而在混合间栽组合中汕优 63/黄壳糯与汕优 63/紫糯的相对湿度分别只有 2 天、6 天达到饱和（100%），达 95%~99% 的分别有 14 天和 17 天，达 90%~94% 的分别有 22 天、12 天，90% 以下的分别有 20 天、23 天。

2001 年也有相似的结果，净栽黄壳糯与紫糯相对湿度分别有 19 天和 18 天达到饱和（100%），95%~99% 的分别有 12 天、7 天，90%~94% 的分别有 7 天、

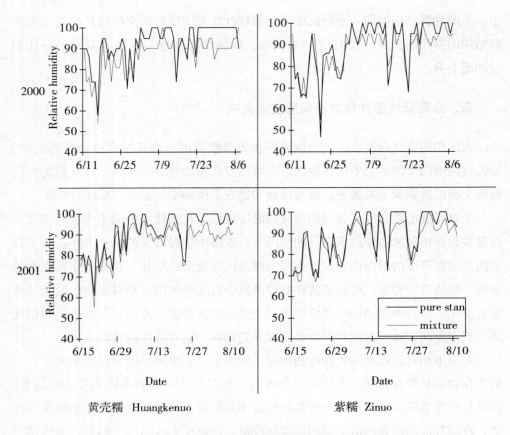

黄壳糯 Huangkenuo   紫糯 Zinuo

图 6 – 3   2000 年与 2001 年黄壳糯与紫糯净栽及与杂交稻汕优 63
混合间栽的相对湿度比较（朱有勇，2007）

8 天，90% 以下的分别有 20 天、25 天，而在 H/S 与 Z/S 的混合间栽组合中相对湿度分别有 0 天、1 天达到饱和（100%），95% ～99% 的分别有 9 天、12 天，90% ～94% 的分别有 21 天、16 天，90% 以下的分别有 28 天、29 天（见表 6 –7）。

（二）植株持露表面积的变化

高秆优质稻与矮秆杂交稻混合间栽能显著地降低稻株持露的表面积（表 6 – 8）。2000 年净栽植株平均持露表面积分别为黄壳糯 85.34%、紫糯 86.58%，而混合间栽组合植株分别为黄壳糯与汕优 63 混栽 35.58%、紫糯与汕优 63 混栽 37.68%，与净栽相比，降幅为 49.76% ～48.90%。2001 年也有相似的结果，净栽植株平均持露表面积分别为黄壳糯 82.96%、紫糯 84.42%，而混合间栽组合植株分别为黄壳糯与汕优 63 混栽 35.46%、紫糯与汕优 63 混栽为 36.22%，与净栽相比降幅为 47.50% ～48.2%。

表 6 − 7　净栽与混栽的相对湿度天数比较*（朱有勇，2007）

年份	类型	品种	相对湿度变化幅度（天）			
			100%	95%~99%	90%~94%	<90%
2000	净栽	H	24	11	11	12
	混栽	H/S	2	14	22	20
	净栽	Z	19	13	6	20
	混栽	Z/S	6	17	12	23
2001	净栽	H	19	12	7	20
	混栽	H/S	0	9	21	28
	净栽	Z	18	7	8	25
	混栽	Z/S	1	12	16	29

*H/S：黄壳糯与汕优63混栽；Z/S：紫糯与汕优63混栽；H：净栽黄壳糯；Z：净栽紫糯。

表 6 − 8　品种多样性混合间栽糯稻叶面的平均持露面积变化*（朱有勇，2007）

年份	处理		每丛水稻叶面的平均持露面积（%）					
			重复Ⅰ	重复Ⅱ	重复Ⅲ	重复Ⅳ	重复Ⅴ	平均
2000	混栽	H/S	31.8	36.5	38.4	35.7	35.5	35.58
		Z/S	38.1	39.2	37.5	36.4	37.2	37.68
	净栽	H	84.5	86.2	81.5	88.3	80.7	85.34
		Z	85.1	85.8	88.9	85.5	87.6	86.58
2001	混栽	H/S	35.3	34.8	32.9	37.5	36.8	35.46
		Z/S	32.5	38.4	35.6	38.1	36.5	36.22
	净栽	H	80.5	80.1	83.5	82.1	88.6	82.96
		Z	81.1	86.7	85.6	83.9	84.8	84.42

* H/S：黄壳糯与汕优混栽63；Z/S：紫糯与汕优63混栽；H：净栽黄壳糯；Z：净栽紫糯。

（三）植株不同冠层部位及叶面的相对湿度

上午10：30~11：30，灌浆期不同行比植株冠层相同部位的叶面相对湿度不同。相同种群比例下植株冠层的上、中、下的相对湿度有差异，但差异很小。从表 6 − 9 及图 6 − 4 中可以看出，糯稻植株冠层上中下的叶面相对湿度均随行比及种群结构的增加而降低。冠层上部，净栽糯稻叶面的相对湿度为48.80%，在混合间栽的种群结构中，1：2~1：10 的相对湿度依次为 48.22%、47.28%、46.98%、46.08%、45.57%、44.92%和47.40%，相对于净栽糯稻，依次降低0.58%、1.57%、1.82%、2.72%、2.83%、3.88%和3.32%和1.40%。在冠层中部，除 1:1 的行比下相对湿度比净栽糯稻高出 0.06% 外，其余的种群结构下也是随着杂交稻行比的增加相对湿度降低，下降的幅度在 1.25%～4.37% 之间，冠层下部的情况与冠层上部和中部相似，随着行比和种群结构的增加，相对湿度下降的幅度在 1.13%～4.92% 之间。同一种群结构下冠层不同部位的叶面相对湿度略有差异，总体来说是冠层下 > 冠层中 > 冠层上；差值在 1.50% 以内。

表 6-9　灌浆期不同种植模式下糯稻叶面及冠层相对湿度（朱有勇，2007）

糯、杂行比	灌浆期叶面相对湿度（%）						灌浆期冠层相对湿度（%）			
	冠层下	差值	冠层中	差值	冠层上	差值	冠层下	差值	冠层上	差值
1:0	49.75	—	49.25	—	48.80	—	91.07	—	87.88	—
1:1	48.62	1.13	49.31	-0.06	48.22	0.58	91.06	0.01	87.89	0.01
1:2	48.03	1.72	48.00	1.25	47.23	1.57	90.45	0.62	87.63	0.25
1:3	47.30	2.45	47.22	2.03	46.98	1.82	89.63	1.44	87.72	0.16
1:4	47.39	2.36	47.01	2.24	46.08	2.72	89.77	1.30	87.03	0.85
1:5	45.70	4.05	45.57	3.68	45.97	2.83	89.13	1.94	86.42	1.46
1:6	45.78	3.97	44.88	4.37	44.92	3.88	87.24	3.83	85.24	2.64
1:8	44.83	4.92	45.40	3.85	45.57	3.23	86.86	4.21	84.55	3.33
1:10	47.38	2.38	47.73	1.53	47.40	1.40	86.88	4.19	84.70	3.18

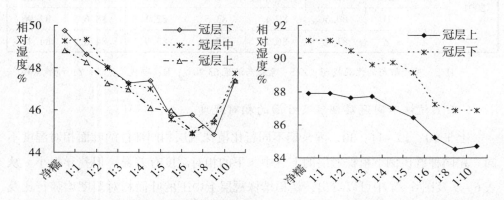

图 6-4　灌浆期糯稻叶面相对湿度行比　　　　图 6-5　灌浆期植株冠层相对湿度行比

同一时期于下午 18:00～19:00 观测植株冠层上部和下部的空气相对湿度，结果表明，随着杂交稻种群结构的增加，冠层上下的空气相对湿度均呈下降趋势

（表6-9及图6-5）。净栽糯稻冠层上部的平均相对湿度为87.88%，1:1的糯稻相对湿度为87.89%，至1:10的行比下糯稻的平均相对湿度下降为84.70%，1:2~1:10的相对湿度依次下降了0.25%、0.16%、0.85%、1.46%、2.64%、3.33%和3.18%；冠层下部亦有相似的结果：净栽糯稻的平均相对湿度为91.07%，而1:1~1:10的行比下，空气相对湿度依次为，91.06%、90.45%、89.63%、89.77%、89.13%、87.24%、86.86%和86.88%，与净栽糯稻相比依次下降了0.01%、0.62%、1.44%、1.30%、1.94%、3.83%、4.21%和4.19%。同一种群结构下冠层上下的空气平均相对湿度也有差异，总体上都是冠层下的湿度大于冠层上的，差值在1.00%~3.19%之间。

供试品种的株高是形成田间立体植株群落，增强通风透光，降低相对湿度和植株持露表面积的重要基础。本试验中优质稻黄壳糯株高比杂交稻高30cm以上，在田间形成了高矮相间的立体株群，因为优质稻高于杂交稻而使优质稻的穗颈部位充分暴露于阳光中，并且使其群体密度降低，增加了植株间的通风透光效果，大大降低了叶面及冠层空气湿度，并表现出植株冠层不同部位叶面持露表面积及空气相对湿度均随杂交稻行比的增加而降低的规律，造成了不利于病害发生的环境条件，而使稻瘟病的发生得到控制。

五、水稻遗传多样性对日间通风状况的影响

农田中的风速与作物群体结构的植株密度关系很大。由于植株阻挡，摩擦作用使农田中的风速相对较小。从风速的水平分布看，风速由农田边行向农田中部不断减弱，最初减弱很快，以后减慢，到达一定距离后不再变化。从铅直方向看，风速在作物层中茎叶稠密部位受到较大削弱；顶部和下部茎叶稀少，风速较大；离边行较远的地方的作物层下部风速较小。

不同种群结构对植株冠层顶部及2米高处的风速影响不大，但对植株冠层中下部的风速影响较大，植株冠层中下部的风速随着杂交稻行比和种群结构的增加而加快。在试验中以2米高处的风速代表外界风速，在植株冠层顶部各行比下的风速与植株2米高处的风速极为相似，其变化随外界风速的强弱变化而发生相应的变化。外界风速高，冠层顶部风速也大，并没有显示表现出随行比及种群结构增加而变化的规律。在净栽糯稻冠层顶部的风速为4.4m/s，而在行比为1:1的种群结构中的风速为0.4m/s，在1:6时的风速最高（4.7m/s），在1:8和1:10下却又下降，这种变化与外界的风速变化形式一致。然而，在冠层中下部，情况

却大不相同。不管外界及冠层顶部的风速如何变化，冠层中下部的风速都是随着杂交稻行比及种群结构的增加而加快，且在各混合间栽种群结构中，单一糯稻群体中的风速均是最低的。同一行比下多数处理冠层中部的风速比冠层下部的风速要低，但1:6、1:8和1:10三个行比下冠层中部的风速 >冠层下部（表6-10）。

表6-10　不同种植模式下糯稻冠层不同部位的风速状况（m/s）（朱有勇，2007）

高度	净糯	1:1	1:2	1:3	1:4	1:5	1:6	1:8	1:10	净杂
2 m	6.60	2.70	1.90	5.50	1.80	2.00	9.00	8.20	9.30	6.30
冠层顶	4.40	0.40	0.60	3.40	0.70	1.50	4.70	3.70	3.92	0.80
冠层中	0.03	0.10	0.08	0.15	0.18	0.30	0.46	0.44	0.49	0.20
冠层下	0.10	0.20	0.18	0.30	0.31	0.35	0.44	0.42	0.44	0.20

在植株冠层顶部及2米处，风基本不受阻挡，只因空间高度的下降而风速减弱，这也符合空气流动学的原理，因而冠层顶部的风速变化与外界风速变化极为一致。但在冠层中下部，风因为植株的阻挡作用而改变了流动形式。由于糯稻的植株较高，对风的阻挡较大，因而净栽植株冠层中下部的风速降低得较快。随着杂交稻行数的增加，糯稻对风的阻挡作用下降，而使风速随杂交稻行比的增加而加大。植株冠层下部的风速快于中部，是因中部的叶片较下部的繁茂，下部叶片因枯萎而对风的阻挡作用下降。因此，水稻品种的多样性混合间栽，有利于增强植株冠层中下部的空气流动，从而降低冠层中下部的空气相对湿度，对减少病菌的萌发、侵入及减缓病害的扩展蔓延速度有极大作用，这也验证了前面所论述的植株冠层不同部位的相对湿度均随杂交稻行比的增加而降低。

在单作群体内部，CO_2 扩散受到植株叶片的阻挡和摩擦，CO_2 交换系数比大气层小很多，风速的削弱是影响 CO_2 湍流交换的重要因素。冠层内风速减弱，CO_2 输送受阻，使得因作物光合引起的 CO_2 降低得不到及时补充，影响群体物质生产。通过水稻品种的多样性混合间栽，加速了空气流动，改善农田通风条件，从而削减群体内部 CO_2 降低的程度，提高冠层中 CO_2 的浓度，提高1,5-二磷酸核酮糖羧酶/加氧酶（Rubisco）的羧化活性，增加干物质的积累，提高产量。

此外，风引起的茎叶振动具有一定的生态学意义，它可以造成群体内的闪光，进而可改变群体特别是下部的受光状态和光质。一般来说，群体的阴暗处红外线的比例较大，而风力引起的光暗相互交错，可以使光合有效辐射以闪光的形式合理分布于更广泛的叶片上，并能使光反应交替进行，进而可充分利用光能，提高作物的光合效能。作物群本的这种光合效能的提高与风速及闪光的频率（或周期）有关。因此，保持适宜的植株高度、风速与闪光频率对作物群体的光合作用有着重要作用（章家恩，2003）。

六、水稻遗传多样性对病原菌孢子传播的影响

不同种群结构下稻瘟病菌的孢子分布不同。图 6 – 6、图 6 – 7（朱有勇，2007）表明，在不同行比及种群结构下所捕捉到的孢子数不同，在净栽糯稻中不同生育期所捕捉到的孢子数都最多，而不同时期捕捉到的孢子的总量都是随着杂交稻行数和种群结构的增加而逐渐减少，这与田间发病情况相一致。

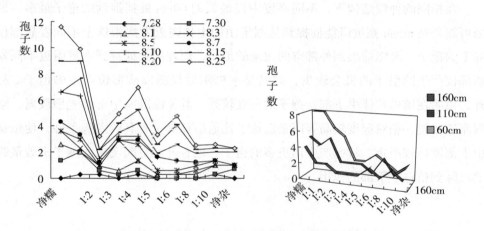

图 6 – 6　不同日期不同模式下的孢子数行比　　图 6 – 7　不同模式不同高度孢子分布图

在同一种群结构下，不同的高度所捕捉到的孢子数亦有所不同。在 160cm、110cm、60cm 三个高度中，以 60cm 高度所捕捉到的孢子数最多，110cm 高度所捕捉到的孢子数次之，160cm 高度所捕捉到的孢子数最少。

上述研究情况说明，稻瘟病菌孢子的空间分布与混合间栽的种群结构有一定的关系，表现出在同一高度所捕捉到的孢子数量均随杂交稻行比的增加而减少的趋势。而在相应的田块中病害的发生也表现出相应的规律，即随杂交稻行比的增加稻瘟病的发生逐渐减轻，说明两者之间有一定的相关性。

一方面由于混合间栽控制了病害的发生，减缓了其流行速度，使得产生孢子的病斑数量减少，从而呈现出孢子分布的梯度现象。有可能是发病较重的种群结构中感病植株产生的孢子数量较多，因而其被捕捉到的机会也相应增大；同时，由于孢子的飞散距离有限及扩病植株的空间阻隔作用，使杂交稻行比较多的种群

结构中的孢子飞散到健康感病植株上的机会也减少，因而随杂交稻行数的增加，发病率、病情指数均下降；发病率的降低，使产生孢子的数量减少，最终导致所能捕捉到的孢子数也越来越少。

另一方面，孢子的空间飞散传播的有效距离是有限的，混合间栽中，随抗性杂交稻数量的增加，对病菌孢子阻挡作用愈来愈明显，使飞落到感病糯稻上的孢子逐渐减少，从而使发病减轻，然而，两者的定量关系尚需进一步研究。此外，混合间栽田间微生态条件随行比增加而呈现的规律性变化，对孢子的产生也有一定的影响，如湿度降低不利于孢子产生、空气流速的变化对孢子飞散产生影响等。

在相同的种群结构下，不同高度中以最低的 60cm 处捕捉到的孢子最多。原因可能是在 60cm 高度既能捕捉到从测定用的木桩附近发病植株上不同发病部位降下的孢子，又能捕捉到外部空间飞来的孢子，而较高处捕捉到木桩附近不同发病部位产生的孢子的机会较少，尤其是木桩附近较低发病部位产生的孢子。另外，说明在植株群体中下部，孢子的密度较高，其原因既有中下部光照较弱，空气流速较慢，相对湿度较高等因素造成了比冠层顶部更有利的发病条件，使植株中下部发病较严重，从而产生出更多的孢子，也有外部空间飞来的孢子多数最终要沉降到植株中下部的作用。

第三节　营养学和生理学基础

前面主要集中于病害本身及环境变化对水稻多样性种植下病害发生和严重程度的影响，这部分将对水稻多样性种植下地上部养分高效利用和抗病害关系进行介绍。唐旭等（2006）通过对水稻在不同的种植条件下植株体内氮硅含量变化及其与稻瘟病发生的关系进行了研究，为遗传多样性控制病害的营养学和生理学基础提供了实验证据。

唐旭等（2006）对楚粳 26（主栽）黄壳糯（间栽）模式不同施氮和硅水平下，稻瘟病发生的情况研究发现：在常规施肥水平条件下，水稻品种多样性种植，改善了田间小气候，促进了作物的生长，提高了生物量和产量，降低了茎、叶中氮含量，使作物的营养状况得到改善，从而改变了寄主和病原物之间的互作和内在关系，稻瘟病病情指数显著降低。这说明间作降低水稻植株中氮含量是水稻品种多样性种植能够有效控制稻瘟病发生的主要原因之一。

施硅能有效促进水稻对硅的吸收，提高作物茎、叶中硅的含量。水稻茎秆中硅含量与稻瘟病病情指数呈负相关，说明硅含量的高低直接影响水稻对稻瘟病的抵抗能力，增施硅肥能显著提高作物对病害的抗性，降低病害的发生，提高作物的产量。在正常施肥水平条件下，多样性种植也降低了水稻中的硅含量，但这不能说明硅元素对生物多样性控制病害没有贡献，只是硅元素在胁迫条件下对生物的作用更为明显（唐旭等，2006），这一结果与云南农业大学另一课题组的研究略有出入。

一、间作对水稻茎秆和叶片中氮含量的影响

在同一生育期，相同的施肥水平下，间作条件下水稻黄壳糯茎秆和叶中氮含量均低于单作。其中，在抽穗期，间作高氮水平下水稻茎秆中氮含量显著低于单作；同样，在灌浆期，无论施肥水平如何，间作均显著降低水稻茎秆中氮含量。在常规施肥水平下，与单作相比，间作使灌浆期茎秆中氮含量降低35.5%。叶中氮含量的变化与茎秆相似。其中，在抽穗期，间作水稻叶中氮含量显著低于单作；在灌浆期间作水稻叶中氮含量在各施肥水平下都显著降低。在常规施肥水平下，与单作相比，间作使抽穗期和灌浆期水稻叶中氮含量分别降低12.4%和15.8%（唐旭等，2006）。

水稻在高氮水平下容易感染稻瘟病，水稻不同品种间作，明显降低了水稻茎秆和叶片中氮含量，不利于稻瘟病的发生和流行，是遗传多样性控制病害的营养学和生理学基础之一。

二、间作对水稻茎秆和叶片中硅含量的影响

水稻是富含硅的植物，一般丰产的水稻植株硅酸含量常在10%以上；叶片中的硅酸含量超过干重的15%，高者可达30%，在稻秸秆灰分中通常含有10%~20%的硅（陈平等，1999）。水稻体内的硅绝大部分是以硅胶即水合无定形硅或聚合硅酸形式存在，占全硅量的90%~95%，小部分是硅酸、胶体硅酸以及硅酸盐离子（高尔明等，1998；周青等，2001），在木质部液汁中硅以单硅酸形式存在。硅在水稻体内的分布遵循着"末端分布律"，即地上部分多于地下部分，叶多于茎（朱小平等，1995）。就整个植株而言，硅的含量是颖壳＞叶片＞叶鞘＞茎＞根，颖壳中含量可高达干重的20%左右，而根中仅约为2%，在不同叶位

中以剑叶含量为最高。硅大部分积累在稻株表皮层，其次是维管束、维管束鞘、厚壁组织等。水稻叶片表皮的结构比较复杂，由表皮细胞、泡状细胞和气孔有规律地排列而成，表皮细胞有一种长细胞和两种短细胞（硅细胞、栓细胞）。Yoshida 等利用电子显微镜对水稻叶片表皮的研究指出，水稻叶的表皮具有"角质·双硅层"结构（叶春，1992）。双硅层的一层是在表皮细胞壁与角质层之间，即沉积在表皮细胞的角质层内侧，形成牢固的二氧化硅层；另一层是在表皮细胞壁内与纤维素结合，即在细胞壁部分也有沉积形成二氧化硅纤维层，水稻叶的硅细胞中充满着哑铃形的硅酸体（韩光等，1998）。

　　萨默（Sommer，1926）最早提出硅与水稻的正常生长发育有关，认为它是必需的营养元素（李卫国等，2002），但因长时期无法实现纯净的无硅培养而难以证实。直到 20 世纪 60 年代 Okuda 等用高精度除硅培养，才证实了硅对水稻的生长发育有很大的影响。近 30 年来关于水稻硅素营养的研究有了较快进展。现在普遍认为硅具有以下生理作用：一是硅对水稻生长发育的影响：硅促进水稻根系生长，增强活力，提高了对水分和养分的吸收量；使叶片增厚，维管束加粗，植株健壮；促进生殖器官的生长发育，提早抽穗，使穗轴增粗、穗长增加，对谷粒重量、花序数、小花数、穗粒成熟百分率都有良好的影响；缺硅时水稻顶部分生组织和幼叶生长受到抑制，叶上出现坏死斑点，根的活力下降，生长发育受阻（张国良等，2003）。二是硅对水稻光合作用的影响：硅促进水稻叶肉细胞中叶绿体的体积增大，片层结构和基粒增多，有利于光合磷酸化的进行，使叶中 ATP 的含量较高；使叶片生长较为直立、角度适宜，形成受光良好的株型，有利于光合作用的进行，提高光合作用的效率，可使群体光合作用能力增强约 10%。水稻植株缺硅部分幼叶失绿，叶片下垂，角度增大，受光姿态恶化，光合作用的效率下降（张伟等，1994）。三是硅对水稻呼吸作用的影响：硅促进水稻根系的发展，使细胞内线粒体数量增多，有利于氧化磷酸化的进行，使根的呼吸速率和 ATP 的含量比对照高（陈平平，1998；胡定金等，1995）。四是硅对水稻蒸腾作用和抗逆性的影响：叶表形成的角质层与硅质层，使表皮细胞的通透性显著降低，可降低蒸腾量 30% 以上，保护体内水分及内含物的外渗，从而在短期干旱时保证水稻的正常生长，防止了水稻的过度蒸腾，相对提高了抗旱能力（臧惠琳，1984）。表皮细胞角质双硅层的形成，增强了表皮的坚韧性，从而提高了对病虫害侵入的抗性，例如实验表明硅提高了水稻对稻瘟病、褐斑病、叶鞘腐败病和螟虫等的抵抗力；硅能增强水稻茎秆的强度，基部一、二节间缩短，茎明显增粗，单茎抗折强度明显提高，提高了植株抗风雨、抗倒伏的能力（张存銮等，2000）；张翠珍等也发现施硅后稻株基部第二节间抗折强度增加（张翠珍等，1997）；硅也能通过提高稻叶直立度来减少密植带来的相互遮阴，使水稻不易倒伏（张忠旭等，1999；张德山等，2001）；硅能提高水稻对盐胁迫的抗性，它能降低钠的含量；此外，在不良气候条件下硅还有利于提高植株的抗寒性（李家书等，1998）。五是硅对水稻吸收其他元素的影响：我国稻田普遍缺磷，硅能减少土壤对磷的吸附、固定，提高土壤磷酸盐的有效性（王永锐等，1996；胡克伟等，2002；Ma et al.，1990）。硅还能使水稻体内磷酸的移动顺利进行，在磷酸盐供应量少时，可促进水稻体内磷酸利用率的提高。硅能减轻水稻的铝胁迫（顾明华等，2002；Gu et al.，1998；Cocker et al.，1998；Hodson et al.，1993；Hara et al.，1999）。

硅能增加水稻耐氯性（三永锐等，1997；周建华等，1999；张学军等，2000；柯玉诗等，1997），可使水稻含氯素的百分比降低，它使稻株茎叶部分含氯量减少，而穗部含氯量增加，有利于子粒中蛋白质和淀粉的合成。水稻缺硅普遍发生下列问题：易感病虫害，如稻瘟病、胡麻叶斑病、小粒菌核病、螟虫、稻飞虱等；谷粒上易发生褐斑和穗颈瘟；根系不良，茎秆弱易倒伏；结实率不良，产量显著降低（叶春，1992）。国内外研究表明（臧惠琳，1984；水茂兴等，1999），硅能提高水稻抗稻瘟病的能力（秦遂初，1995），硅以硅酸体的形式沉积于水稻表皮组织，形成硅化细胞和角质双硅层，使组织硅质化，起了机械屏障作用，阻碍了病原菌的侵入和扩展（Nanda et al.，1984；Shoichi et al.，1962）。硅含量的高低直接影响水稻对病虫害，倒伏的抵抗能力，并能改善株型，促进物质运动，提高产量（秦遂初，1995）。

（一）植株拔节期硅含量的变化

云南农业大学选用两个矮秆杂交稻品种合系 41 与汕优 63、两个高秆优质稻品种黄壳糯和弥勒香谷，用重量法测定水稻茎秆全硅含量，结果表明水稻品种多样性混栽中优质稻茎秆硅含量在各生育期比净栽的硅含量均有变化。

水稻品种多样性种植，高秆优质稻和杂交稻在拔节期净栽和混合间栽植株硅含量变化不大，拔节期弥勒香谷净栽植株硅含量为 2.4908%，混合间栽植株硅含量为 2.5094%，含量仅相差 0.0186%；黄壳糯净栽植株硅含量为 3.0548%，混合间栽植株硅含量为 3.0793%。合系 41 和汕优 63 在拔节期混栽和净栽植株硅含量差别很小，分别为 0.0002% 和 0.0003%。

（二）植株孕穗期植株硅含量的变化

水稻品种多样性种植，孕穗期混合间栽优质稻茎秆和叶片的硅含量比净栽优质稻高。孕穗期弥勒香谷混合间栽叶片硅含量比净栽增加9.73%，茎秆硅含量比净栽增加6.4%。黄壳糯混合间栽叶片硅含量比净栽增加7.96%，茎秆硅含量比净栽增加12.35%。弥勒香谷混合间栽叶片硅含量增加幅度比黄壳糯大，茎秆硅含量增加幅度比黄壳糯小。

孕穗期杂交稻混合间栽和净栽叶片和茎秆硅含量差别不大。合系41混合间栽叶片硅含量为7.5785%，净栽叶片硅含量为7.5782%，差值仅有0.0003%，合系41混栽和净栽茎秆硅含量、汕优63混栽和净栽叶片和茎秆硅含量差别都较小，差值分别0.0004%、0.0002%、0.0001%。方差分析结果为孕穗期黄壳糯、弥勒香谷混合间栽和净栽叶片、茎秆硅含量在1%水平差异极显著。杂交稻孕穗期混合间栽和净栽叶片、茎秆硅含量差异不显著。

（三）植株扬花期植株硅含量的变化

在扬花期，弥勒香谷和黄壳糯混合间栽的叶片、茎秆和穗的硅含量都比净栽的高。弥勒香谷叶片、茎秆、穗的增幅比黄壳糯的大，增幅最大的是弥勒香谷叶片硅含量。弥勒香谷叶片混合间栽和净栽硅含量分别为8.7240%、7.7161%，增幅为13.06%；茎秆混合间栽和净栽硅含量分别为7.5148%、6.8616%，增幅为9.52%；穗部混合间栽和净栽硅含量分别为8.4104%、7.6460%，增幅为9.99%。黄壳糯叶片、茎秆、穗部混合间栽硅含量比净栽高，增幅分别为6.62%、5.95%、6.72%。

扬花期杂交稻叶片、茎秆和穗部混合间栽与净栽的硅含量相差不大。扬花期合系41混合间栽叶片硅含量为7.9835%，净栽为7.9833%，相差仅为0.0002%；茎秆混栽硅含量低于净栽，差值为0.025%；穗部差值为0.0027%。扬花期汕优63叶片、茎秆和穗部混合间栽与净栽的硅含量比较结果和合系41一致，差别较小。方差分析结果为混合间栽和净栽黄壳糯、弥勒香谷的叶片、茎秆、穗部在扬花期硅含量分别在1%水平差异极显著，混合间栽和净栽杂交稻合系41和汕优63的叶片、茎秆、穗部在扬花期硅含量差异不显著。

（四）植株成熟期水稻植株硅含量的变化

成熟期弥勒香谷叶片混合间栽硅含量比净栽的高，增幅为2.26%；茎秆混合间栽硅含量比净栽增加9.57%；穗混合间栽硅含量比净栽增加1.09%。成熟期黄壳糯叶片混合间栽硅含量比净栽高，增幅为3.76%；茎秆混合间栽硅含量比净栽增加6.41%；穗混合间栽硅含量比净栽增加2.59%。

净栽优质稻的茎秆和叶片增幅都较大，穗部增幅比茎秆和叶片的小。其中弥勒香谷茎秆的增加幅度比黄壳糯的小，叶片、穗部增加幅度比黄壳糯小。

成熟期杂交稻混栽叶片、茎秆和穗部的硅含量和净栽相比较差别较小，净栽叶片硅含量大于混栽叶片硅含量，但差值较小，分别为：合系41为0.0004%、汕优63为0.0007%；合系41的茎秆和穗部硅含量差值也较小，分别为0.0005%和0.0002%，汕优63混合间栽和净栽相比，茎秆和穗部硅含量都比净栽茎秆和穗部硅含量低，但差别较小，分别为0.0008%和0.0001%。方差分析结果显示，成熟期黄壳糯、弥勒香谷混合间栽和净栽的叶片、茎秆硅含量差异达到极显著水平，杂交稻合系41和汕优63混合间栽和净栽的叶片、茎秆硅含量差异不显著。

（五）植株全生育期硅含量的变化

水稻品种多样性种植，同一生育期，混合间栽优质稻植株硅含量比净栽优质稻植株硅含量高。在整个生育期，植株硅含量呈逐渐增加的趋势。其中叶片硅含量大于茎秆硅含量。拔节期到孕穗期之间植株硅含量增加幅度最大，弥勒香谷在拔节期植株硅含量仅有2.4908%～2.5094%，到孕穗期植株硅含量增加为6.5468%～7.6664%，增加了两倍多；孕穗期到扬花期叶片硅含量增幅为13.79%～10.30%，茎秆硅含量增幅为4.81%～7.57%，叶片硅含量增加的幅度比茎秆硅含量增加的幅度大；扬花期到成熟期叶片硅含量增幅为3.73%～2.76%，茎秆硅含量增幅为3.97%。整个生育期硅含量增幅变化为拔节期至孕穗期急剧上升，孕穗期至扬花期上升较慢，扬花期至成熟期上升缓慢。

黄壳糯在整个生育期的硅含量变化和弥勒香谷一样，呈逐渐增加的趋势。从拔节期到孕穗期增加幅度最大，从3.0793%～3.0548%增至6.4357%～7.4199%；孕穗期到扬花期叶片硅含量增幅为13.92%～14.21%，茎秆硅含量增幅为8.13%～13.66%；扬花期到成熟期叶片硅含量增幅为2.76%～10.94%。黄壳糯硅含量增加趋势和弥勒香谷一致。杂交稻合系41和汕优63在整个生育期硅含量变化趋势和优质稻一致，呈逐渐增加的趋势。在同一生育期，杂交稻硅含量高于优质稻。

（六）植株硅化细胞形态的变化

水稻所吸收的硅元素沉积于水稻的茎秆和叶片表面，和角质层一起形成"角质·双硅层"。双硅层的一层是在表皮细胞壁与角质层之间，即沉积在表皮细胞的角质层内侧，形成牢固的二氧化硅层；另一层是在表皮细胞壁内与纤维素结合，即在细胞壁部分也有沉积形成二氧化硅纤维层，水稻叶的硅细胞中充满着哑铃形的硅酸体。

扫描电镜照片显示：高秆优质稻弥勒香谷和黄壳糯混合间栽的茎秆硅化细胞数目比净栽的多，体积比净栽的大。

（七）多样性混栽对稻瘟病及植株倒伏的控制

水稻品种多样性混合间栽对穗瘟和倒伏有显著的控制效果，混栽水稻穗瘟的发病率、病情指数和倒伏率都明显下降。黄壳糯净栽发病率为 56.02%，混栽发病率为 12.74%；净栽病情指数为 43.61，混栽病情指数为 7.55；净栽倒伏率为 99.38%，混栽倒伏率为 0，混栽抗倒伏率 100%。弥勒香谷净栽发病率为 66.2%，混栽发病率为 12.71%；净栽病情指数为 42.7，混栽病情指数为 8.11；净栽倒伏率为 97.68%，混栽倒伏率为 0，混栽抗倒伏率 100%。并且，黄壳糯和弥勒香谷净栽与混栽的发病率和病情指数的差异在 0.01 水平上差异极显著。

综上所述，遗传多样性混合种植对硅含量有显著影响，混合间栽优质稻硅含量比净栽优质稻硅含量高。水稻对 SiO_2 吸收依赖于好气呼吸和光照强度，呼吸强度和光照强度越强吸收的 SiO_2 越多（叶春，1992）。水稻品种多样性种植，由于选用株高不同的品种混栽，形成立体植株群落，改变了田间小气候，增强了通风透光度，从而增强了水稻的呼吸强度和光照强度，使水稻对硅的吸收增加。从电镜照片可以看出，混栽田水稻硅化细胞比净栽田水稻硅化细胞较大，数目也较多，起到了更好的机械屏障作用，阻碍了病原菌的侵入和扩展（Nanda et al.，1984；Shoichi et al.，1962），因而降低了稻瘟病的发生，使混栽优质稻叶瘟和穗瘟的发病率和病情指数比净栽水稻低，说明硅含量变化和发病率与病情指数有一定的相关性。

而且，由于混栽田水稻硅含量比净栽田水稻高，增强了混栽优质稻茎秆的硬度和机械强度，特别是中下部节间充实度大大增加，提高植株的抗病性及抗倒伏能力，因而，大大降低了混栽优质稻的倒伏率，从而减少因倒伏而造成的损失，起到了抗病、抗倒伏及增产增收的效果。同时，硅能促进水稻根系生长，增强活力，提高稻株对水分和养分（如氮素）的吸收和转化量；使叶片增厚，维管束加粗，植株健壮；促进生殖器官的生长发育，提早抽穗，使穗轴增粗、穗长增加，从而对水稻增产有利（高尔明等，1998）。

硅能提高植物抗病性已是不争的事实，但其机理仍不清楚。过去长期以来一直认为，沉积在表皮细胞壁、乳突体或染病部位的硅起到了机械或物理屏障作用。Rodrigues 等（2001）的研究表明，施用硅肥能显著降低水稻鞘枯萎病的发病率。Seebold 等（2001）进一步定量化研究了硅对水稻叶瘟病的影响。他们证实，随着硅的用量的增加，孵化期延长，形成孢子的病斑数、病斑大小和病斑伸长速率、发病叶面积和单位病斑的孢子数降低。病斑大小和单位病斑的孢子数降低了 30% ~45%，单位叶片的孢子数和发病叶面积在最大硅用量的处理中显著下降。形成孢子的病斑数下降表明了单位接种成功感染变少。此外，随着硅用量从 0 增加到 10t/ha，总病斑从 0.018 mm^2 降低为 0.005 mm^2，表明硅在稻瘟病菌侵入表皮细胞之前或之后很快就发挥了作用，显示对病菌侵入的阻碍作用，这是一种在其他病理系统中所观测到的相似作用模式。这一发现表明，硅或许形成一种物理障碍以阻止真菌侵入或具有其他抗性机理。近 15 年来，对硅增强作物抗病性的作用机理研究已成为国际上植物营养生理、逆境营养生理研究的热点之一，也是植物营养学与植物病理学两大学科相互交叉、相互渗透的边缘课题。研究硅抗稻瘟病的生理生化尤其是分子生物学机制对于拓展植物营养学的研究范畴、加强边缘学科的交叉与渗透具有十分重要的理论意义。如能提供确切的证据证明硅对植物的必需性，则对于植物营养学、植物科学和整个生物学领域均具有重要的科学意义和推动作用。硅的抗病机制研究已引起越来越多的科学家的关注。比如，2005 年美国密西根大学植物病理系 Hammer Schmidt 教授在植物病理学经典刊物《Physiological and Molecular Plant Pathology》发表了《Silicon and plant defense: the evidence continues to mount》一文，该文综述了硅与植物抗病性的最新研究进展并认为在生物化学与分子水平上揭示硅的抗病机理具有重要性和迫切性。对于指导农业生产中如何施用硅肥提高植物自身抗病能力，少用或不用农药以提高人类食物安全性、降低农药在食物链和环境中的残留具有重要的实际意义。

Rodrigues 等（2005）首次在分子水平上研究了硅的抗病机制。研究表明，硅增强了对感稻瘟病的水稻 M201 与抗病密切相关的 PR - 1、过氧化物酶的转录水平，尤其是在接种 60 小时后。然而，Rodrigues 等（2005）的结果的可信度不够高，仍需要在严格实验条件下进行验证，因为论文在设计与方法上存在以下缺陷：首先，该研究采用了基质（泥炭）培养，其中含有硅，因此不加硅的处理实际上是低硅处理；其次，硅处理采用钢铁厂的高炉水淬渣，而这种硅源除了可提供有效硅外，含有大量的钙、镁、硫和其他各种植物必需的微量元素如 Mn、

Zn、Fe、Cu、Mo 等。因此，高炉水淬渣的抗病效果实际上不是完全由硅引起的，不能排除其他元素的作用，抗病相关酶在转录水平上的差异也不能完全归功于硅，需要在水培条件下采用单硅酸验证硅抗病的分子机制。

综上所述，硅抗稻瘟病的机制十分复杂，尚不明确。由于硅在水稻表皮中能形成硅化细胞，增强水稻植株的机械强度，长期以来，硅增强水稻对稻瘟病的抗性一直作为硅的"物理或机械屏障"抗病机制的有力证据。但目前大量的研究结果对该假说产生了强有力的挑战。同时，对大小麦和双子叶植物（如黄瓜）的研究表明，硅通过在感病的植株体内产生一系列的生化防卫机制来增强植株的抗性，抑制病菌的发展。

第四节　物理阻隔基础

植物病虫害防治中绿色环保的防治措施莫过于物理防治。物理防治是通过热处理、射线、机械阻隔等方法防治植物病虫害。机械阻隔能起到防治病虫害的作用，例如覆盖薄膜，许多叶部病害的病原物是在病残体上越冬的，花木栽培地早春覆膜可大幅度地减少叶病的发生，如芍药地覆膜后，芍药叶斑病成倍减少。覆膜防病的原因是覆膜对病原物的传播起到了机械阻隔的作用；覆膜后土壤温度、湿度提高，加速病残体的腐烂，减少了侵染来源。套袋蔬菜无病虫为害、无农药污染、品种优良、产量高、效益好，如果品、黄瓜套袋，可直接阻隔病虫为害，有利于维生素 C 的形成，保鲜期长，耐储藏，且增产 10% 以上。特别是利用生物、生态和物理机械等绿色控制技术来防治病虫害，已成为可持续农业的重要手段，也是绿色农业生产工作中病虫害防治的必然选择。

遗传多样性控制病害普遍采用的是株高存在差异的物种或品种间混套作模式，高、低秆品种交替就像"隔离带""防火墙"一样阻隔病害的发生、发展和流行，这在前面部分病原孢子的扩散方面已经进行了介绍，不再赘述；不同病原生理小种具有不同的最适寄主品种，在不同品种间作条件下，病原生理小种降落到非最适寄主品种时，轻微发病，带来诱导抗性，甚至根本不发病，这在很大程度上稀释了病原，对阻隔病害的发生、发展和流行起到了相当重要的作用。

第五节　化感基础

植物化感作用（Allelopathy）是指一个活体植物（供体植物）通过地上部分（茎、叶、花、果实或种子）挥发、淋溶和根系分泌等途径向环境中释放某些化学物质，从而影响周围植物（受体植物）的生长和发育。这种作用或是互相促进（相生），或是互相抑制（相克）。从广义上讲，化感作用也包括植物对周围微生物和以植物为食的昆虫等的作用，以及由于植物残体的腐解而带来的一系列影响。植物生态系统中共同生长的植物之间，除了对光照、水分、养分、生存空间等因子的竞争外，还可以通过分泌化学物质发生重要作用，这种作用在一定条件下可能上升到主导地位。

生产实践中，有些作物种植在一起可以提高产量，而有些作物间作时则出现减产。作物间作增产的因素之一是化感作用，如高粱等对杂草有化感抑制作用，与其他作物间作时可有效地控制杂草生长，从而提高作物产量。有些植物其分泌物中生物活性物质有利于其他某些植物对营养元素的吸收，从而促进其生长。有些植物含有昆虫拒食剂，与其他植物混种时可减少虫害发生以提高产量，如将野芥与椰菜间作，椰菜产量可提高 50%；小麦与大豆间作，小麦对大豆的 P 吸收具有明显促进作用，显著提高大豆生物学产量，实验证明这主要是根际效应的结果；而少量庭荞状亚麻荞生长在亚麻中间使亚麻产量大大减少；农林混作苹果、杨树、桃树的根系分泌物抑制小麦生长，故不宜在这些树下种植小麦；番茄的根分泌物及其植株挥发物对黄瓜生长有明显化感抑制作用，故不宜种在一起；芝麻根系分泌的化感物能抑制棉花生长，故应避免在棉花田中种植芝麻，但可用来防止野毛竹在农田中蔓延，抑制白茅生长；杜鹃释放的化感物质能明显改变土壤性质，杜鹃花科植物生长的土地若被用作农田作物的生长将严重受抑；化感作用极强的胡桃树下很难生长其他植物，故不能作为套种作物的对象；我国近年来大面积引种的桉树因含有多种化感物质，其林下植被光秃，与荔枝间作可引起荔枝大量死亡，也不宜考虑间作。

随着对化感作用的作用方式及作用机理研究的不断深入，化感作用在农业生产上的应用也愈来愈清晰。通过对植物化感作用的研究，有助于增进对自然生物群落和生态系统结构本质的认识；有助于人们深入了解植物化感作用的知识，并利用这些知识解决农业生产中害虫治理等实际问题；有助于减少人工合成化学物质的投放，开发新一代无公害农药与作物生长调节剂，从而有利于保护生态环境，形成结构良好的生态系统，促进农业增产和农业可持续发展。

利用作物的化感作用控制农田杂草被视为21世纪发展可持续农业的生物工程技术之一。自20世纪80年代，Dilday等（1989，1998）首先在田间观察到部分水稻品种对杂草具有明显的抑制作用以来，研究人员加强了对化感作用研究的国际合作，使人们逐渐对水稻化感作用的遗传、化感物质分离与鉴定、作用方式及其机制等方面有了较为深入的了解，并取得了重要研究进展。

前人研究结果表明，具有化感作用的水稻种质资源所占比例较小，3%~5%，其农艺性状表现各异，因而认为化感性状与产量等农艺性状不存在紧密连锁，这为人们进行遗传重组，选育化感抑草高产品种提供重要的试验依据。而造成这种特异资源所占比例较小的缘故，有人认为是人类长期选择压力造成了化感性状丢失，因而认为从地方品种或原始野生种中较易找到强化感作用种质资源（林文雄等，2006）。

现代发育遗传学已探明，在生物个体的不同发育阶段，基因是按一定的时空秩序有选择地表达的。由于数量性状的表现是一个动态过程，涉及基因型与环境互作、遗传信息表达与调控各个重要环节。水稻在生长发育的不同叶龄期化感作用潜力是不同的，控制化感作用基因的表达也不同。

近年来，有不少研究发现，植物化感作用是一个极其复杂的根际生物学过程，涉及供受体植物之间、供受体植物与土壤微生物之间以及微生物生理类群之间的化学识别与信号转导等，已成为世界各国竞相角逐的重要研究领域（林文雄等，2006）。

具化感作用水稻种质资源农艺性状的差异，基因表达的时序差异，根际土壤微生物差异，以及地方品种或原始野生种可能有未发现的强化感作用等，是合理布局水稻品种，进行水稻遗传多样性持续控制病虫害重要的可试验依据。水稻遗传多样性持续控制病虫害机理机制中是否存在化感作用及其作用机制，有待进一步深入研究。

综上所述，利用遗传多样性持续控制作物病虫害，保障粮食安全和生态安全的机理机制大致可归纳为以下几点：一是品种间抗性遗传背景和农艺性状的差异是其基础所在。二是品种间的物理阻隔作用，对病害的发生、发展和流行不利。三是减少了感病组织的数量，稀释了亲和小种的菌原量。在一定的面积上，例如一个试验小区、一块田或数块田，感病植株部分地为抗病植株所替代，一方面减少了感病组织的数量，使发生再侵染的接种物数量减少，另一方面增加了感病植株之间的距离，使可传播的接种物中只有数量较少的一部分能够到达邻近感病植株上。四是诱导抗性的产生和利用。五是产生良好的微生态效应，降低湿度，提高光、温、气的利用。六是改变植株营养和生理状况，不利于病害的发生、发展和流行。七是化感作用的产生。八是生态位互补利用等。

第六节　结　语

农业不仅生产农产品，还有保护自然、稳定生态，促使人与自然和谐相处等机能。生态农业要求顺应自然规律，按照生态规律发展农业，合理利用各种农业自然资源，维持农业生态系统的良性循环，保证农业生态系统的稳定性，优化农业生态环境（骆世明，2005）。生物多样性具有重要的生态作用，合理的生物多样性搭配有利于增强生物防治以控制有害生物的发生，有利于通过调节土壤生物的活动以实现营养的优化循环和保持土壤肥力，有利于通过整合和发挥各种因素的作用以减少外部投入、节约能量和作物持续高产。

有害生物综合治理的理论和实践要求人们不能孤立地把病虫害作为唯一的目标去防治，而要把有害生物作为农田生态系统中的一个组成部分，通过分析系统中有害生物与其他组分之间的相互关系和作用方式，协调采取各种有效措施来管理这个系统，以达到控制有害生物的目的。因此，在制定和实施有害生物综合治理的规划时，必须注意保护农田生物多样性，提高生态系统的稳定性，充分发挥天敌和其他生物因子的控制作用，避免或减少使用化学农药，安全、有效、持久地把病虫种群数量控制在造成危害的水平之下，达到保护生态环境，保障人畜健康，促进生产发展的目的。

可持续农业的一个主要策略就是改造和恢复农田生物多样性。在生产实践中，关键是辨识能够维持和加强生态系统功能的生物多样性类型，以便确定并采用能够强化生物多样性组分的最佳农事操作技术。所以，必须加强四方面的课题研究：（1）各种作物之间的相生相克关系及其作用机理；（2）各种有害生物的主要天敌种类、生物学、生态学特性及适生环境；（3）相配套的农艺措施与农业机械；（4）利用农业生物多样性全面、持续控制有害生物的农业生产模式。

参考文献

［1］蔡以滢，陈珈．植物防御反应中活性氧的产生和作用［J］．植物学通报，1999，16（2）：107－112．

［2］陈平等．硅和砷对水稻植株生长的影响［M］．//王永锐．王永锐水稻文集．广州：中山大学出版社，1999：17－21．

［3］陈平平．硅在水稻生活的作用［J］．生物学通报，1998，33（8）：5－7．

［4］陈盛录．种植方式小气候效应［M］．中国农业百科全书·农业气象卷．北京：农业出版社，1986：385－386．

［5］崔晓江，彭学贤．抗病原菌植物基因工程进展［J］．生物多样性，1994，2（2）：96－102．

［6］邓强辉，潘晓华，石庆华．作物冠层温度的研究进展［J］．生态学杂志，2009，28（6）：1162－1165．

［7］董振国．农田作物层温度初步研究——以冬小麦、夏玉米为例［J］．生态学报，1984，4（2）：141－148．

［8］樊廷录，宋尚有，徐银萍，等．旱地冬小麦灌浆期冠层温度与产量和水分利用效率的关系［J］．生态学报，2007，27（11）：4491－4497．

［9］范志金，刘秀峰，刘凤丽，等．植物抗病激活剂诱导植物抗病性的研究进展［J］．植物保护学报，2005，32（1）：88－89．

［10］冯佰利，高小丽，王长发，等．干旱条件下不同温型小麦叶片衰老与活性氧代谢特性的研究［J］．中国生态农业学报，2005，13（4）：74－76．

［11］冯佰利，王长发，苗芳，等．干旱条件下冷型小麦叶片气体交换特性研究［J］．麦类作物学报，2001，21（4）：48－51．

［12］冯佰利，王长发，苗芳，等．抗旱小麦的冷温特性研究［J］．西北农林科技大学学报：自然科学版，2002，30（2）：6－10．

［13］高尔明，赵全志．水稻施用硅肥增产的生理效应研究［J］．耕作与栽培，1998，28（5）：20－22．

［14］顾明华，黎晓峰．硅对减轻水稻的铝胁迫效应及其机理研究［J］．植物营养与肥料学报，2002，8（3）：360－366．

［15］郭秀春．苯并噻二唑诱发水稻对稻瘟病抗性中防卫相关酶活性的变化［J］．中国水稻科学，2002，16（2）：171－175．

［16］韩光，王春荣．硅对水稻茎叶解剖结构的影响［J］．黑龙江农业科

学，1998（4）：47.

［17］韩磊，王长发，王建，等．棉花冠层温度分异现象及其生理特性的研究［J］．西北农业学报，2007，16（3）：85-88.

［18］胡定金，王富华．水稻的硅素营养［J］．湖北农业科学，1995（5）：33-36.

［19］胡克伟，关连珠，颜丽，等．施硅对水稻土磷素吸附与解吸特性的影响研究［J］．植物营养与肥料学报，2002，8（2）：214-218.

［20］黄景华，李秀芬，孙岩，等．春小麦冠层温度分异特性的研究及其冷型基因型筛选［J］．黑龙江农业科学，2005（1）：15-18.

［21］金静，李冬，刘会香．与植物诱导抗病性有关的抗病性物质研究进展［J］．莱阳农学院学报，2003，24（4）：252-254.

［22］荆迎军，刘曼西．诱导模式对真菌激发子的影响［J］．农业生物技术学报，2002，10（3）：283-286.

［23］柯玉诗，黄小红，张壮塔，等．硅肥对水稻氮磷钾营养的影响及增产原因分析［J］．广东农业科学，1997（5）：25-27.

［24］李堆淑．寡聚糖激发子诱导杨树对溃疡病抗性的研究［J］．西北农林科技大学硕士论文，2007：34-35.

［25］李堆淑，胡景江，贺英，等．低聚壳聚糖激发子对杨树抗病性的诱导作用［J］．西北林学院学报，2007，22（3）：74-77.

［26］李家书，谢振翅，胡定金，等．湖北省硅肥在水稻、黄瓜、花生上的应用效果［J］．热带亚热带土壤科学，1998，7（1）：16-20.

［27］李卫国．硅肥对水稻产量及其构成因素的影响［J］．山西农业科学，2002，30（4）：42-44.

［28］李向阳，朱云集，郭天财．不同小麦基因型灌浆期冠层和叶面温度与产量和品质关系的初步分析［J］．麦类作物学报，2004，24（2）：88-91.

［29］李永平，王长发，赵丽，等．不同基因型大豆冠层冷温现象的研究［J］．西北农林科技大学学报：自然科学版，2007，35（11）：80-83，89.

［30］林丽，张春宇，李楠，等．植物抗病诱导剂的研究进展［J］．安徽农业科学，2006，34（22）：5912-5914.

［31］林文雄，何海斌，熊君，等．水稻化感作用及其分子生态学研究进展［J］．生态学报，2006，26（8）：2687-2694.

［32］刘静，王连喜，戴小笠，等．枸杞叶片净光合速率与其它生理参数及环境微气象因子的关系［J］．干旱地区农业研究，2003，21（2）：95－98.

［33］骆世明．农业生态学研究的主要应用方向进展［J］．中国生态农业学报，2005，13（1）：1－6.

［34］骆世明．农业生物多样性利用的原理与技术［M］．北京：化学工业出版社，2010.

［35］苗芳，张嵩午，张宾，等．绿豆的冠层温度分异现象及其叶片结构特征［J］．西北农业学报，2005b，14（4）：5－9.

［36］潘学标，邓绍华，王延琴，等．麦棉套种对棉行太阳辐射和温度的影响［J］．棉花学报，1996，8（1）：44－49.

［37］彭金英，黄刃平．植物防御反应的两种信号转导途径及其相互作用［J］．植物生理与分子生物学学报，2005，31（4）：347－353.

［38］秦遂初．硅肥对水稻抗病增产效果分析［J］．浙江农业学报，1995，7（4）：289－292.

［39］邱金龙，金巧铃，王钧．活性氧与植物抗病反应［J］．植物生理学通讯，1998，34（1）：56－61.

［40］水茂兴，陈德富，秦遂初．水稻新嫩组织的硅质化及其与稻瘟病抗性的关系［J］．植物营养与肥料学报，1999，5（4）：352－357.

［41］唐旭，郑毅，汤利，等．不同品种间作条件下的氮硅营养对水稻稻瘟病发生的影响［J］．中国水稻科学，2006，20（6）：663－666.

［42］王庆华，尹小燕，张举仁．植物的基因对基因抗病性学说［J］，生命的化学，2003，23（1）：23－26

［43］王霞．甲壳低聚糖的生物制备及研究进展［J］．香料香精化妆品，2002（3）：28－30.

［44］王永锐，成艺，胡智群，等．硅营养抑制钠盐及铜盐毒害水稻秧苗的研究［J］．中山大学学报：自然科学版，1997，36（3）：72－75.

［45］王长发，张嵩午．冷型小麦旗叶衰老和活性氧代谢特性研究［J］．西北植物学报，2000，20（5）：727－732.

［46］王子迎，吴芳芳，檀根甲．生态位理论及其在植物病害研究中的应用前景［J］．安徽农业大学学报，2000，27（3）：250－253.

［47］项月琴，田国良．遥感估算水稻产量－I，产量与辐射截获量间关系的

研究 [J]. 遥感学报, 1988 (4): 70 - 78.

[48] 叶春. 土壤可溶性硅与水稻生理及产量的关系 [J]. 农业科技译丛, 1992 (1): 24 - 27.

[49] 臧惠琳. 水稻施硅的抗病增产效应 [J]. 土壤, 1984 (5): 176 - 179.

[50] 张翠珍, 邵长泉, 孙汉水, 等. 水稻施用硅肥效果及适宜用量的研究 [J]. 山东农业科学, 1997 (3): 44 - 45.

[51] 张存銮, 黄宝林, 徐小兰. 水稻倒伏原因及防倒对策 [J]. 作物杂志, 2000 (5): 19 - 20.

[52] 张德山, 王冬梅, 洪远琪, 等. 浅谈水稻的抗倒性栽培 [J]. 上海农业科技, 2001 (2): 34 - 35.

[53] 张高华. 化学诱导旱熟禾抗真菌病害及其诱抗机理研究 [D]. 甘肃农业大学硕士学位论文. 2002.

[54] 张国良, 戴其根, 张洪程, 等. 水稻硅素营养研究进展 [J]. 江苏农业科学, 2003 (3): 8 - 12.

[55] 张景昱, 何之常, 杨万年. G - 蛋白及其在植物信号转导中的作用 [J]. 武汉植物学究, 1999, 17 (3): 267 - 273.

[56] 张嵩午. 小麦温型现象研究 [J]. 应用生态学报, 1997, 8 (5): 471 - 474.

[57] 张嵩午, 宋哲民, 闵东红. 冷型小麦及其育种意义 [J]. 西北农业大学学报, 1996, 24 (1): 14 - 17.

[58] 张嵩午, 王长发. K 型杂种小麦 901 的冷温特征 [J]. 中国农业科学, 1999a, 32 (2): 47 - 52.

[59] 张嵩午, 王长发. 冷型小麦及其生物学特征 [J]. 作物学报, 1999b, 25 (5): 608 - 615.

[60] 张嵩午, 王长发, 冯佰利, 等. 冠层温度多态性小麦的性状特征 [J]. 生态学报, 2002, 22 (9): 1414 - 1419.

[61] 张嵩午, 王长发, 后春菊, 等. 冠层温度中间型小麦及其性状特征 [J]. 麦类作物学报, 2000, 20 (3): 40 - 45.

[62] 张嵩午, 张宾, 冯佰利, 等. 不同基因型小麦与绿豆冠层冷温现象研究 [J]. 中国生态农业学报, 2006, 14 (1): 45 - 48.

[63] 张伟, 王文党, 武玉林, 等. 吉林省东部水稻土有效硅状况及硅肥效

应研究［J］. 土壤通报，1994，25（1）：37 - 39.

［64］张文忠，韩亚东，杜宏绢，等. 水稻开花期冠层温度与土壤水分及产量结构的关系［J］. 中国水稻科学，2007，21（1）：99 - 102.

［65］张学军，冯卫东，宋德印，等. 施用硅钙磷肥对水稻生长、产量及品质的研究初报［J］. 宁夏农业科技，2000，（1）：37 - 38.

［66］张忠旭，陈温福，杨振玉，等. 水稻抗倒伏能力与茎秆物理性状的关系及其对产量的影响［J］. 沈阳农业大学学报，1999，30（2）：81 - 85.

［67］章家恩. 作物群体结构的生态环境效应及其优化探讨［J］. 生态科学，2000（3）：30 - 35.

［68］赵鹏，王长发，李小芳，等. 小麦籽粒灌浆期冠层温度分异动态及其与源库活性的关系［J］. 西北植物学报，2007a，27（4）：715 - 718.

［69］赵淑清，郭剑波. 植物系统获得抗性及其信号转导途径［J］. 中国农业科学，2003，36（7）：781 - 787.

［70］周建华，王永锐. 硅营养缓解水稻 Cd、Cr 毒害的生理研究［J］. 应用与环境生物学报，1999，5（1）：11 - 15.

［71］周青，潘国庆，施作家，等. 不同时期施用硅肥对水稻群体质量及产量的影响［J］. 耕作与栽培，2001（3）：25 - 27.

［72］周晓东，朱启疆，王锦地，等. 夏玉米冠层内 PAR 截获及 FPAR 与 LAI 的关系［J］. 自然资源学报，2002，17（1）：110 - 116.

［73］朱小平，王义炳，李家全，等. 水稻硅素营养特性的研究［J］. 土壤通报，1995，26（5）：232 - 233.

［74］朱有勇. 遗传多样性与作物病害持续控制［M］. 北京：科技出版社，2007.

［75］宗兆峰，康振生. 植物病理学原理［M］. 北京：中国农业出版社，2002：249 - 251.

［76］Aarts N, Metz M, Holub E, et al. Different requirements for EDS1 and NDR1 by disease resistance genes define at least two R gene - mediated signaling pathways in Arabidopsis［J］. Proc. Natl Acad. Sci. USA, 1998, 95: 10306 - 10311.

［77］Achuo E A, Aulenaert K, Meziane H, et al. The salicylitc acid - dependent defense pathway is effective against different pathogens in tomato and tobacco［J］. Plant Pathology, 2004, 53（1）: 65 - 72.

［78］ Adam A，Farkas T，Somiyal G，et al. Consequence of O_2 generation during a bacterial induced hypersensitive reaction in tobacco: deterioration of membrane lipids ［J］. Physiol Mol Plant Pathol，1989，34: 13 – 26.

［79］ Ayeneh A，van Ginkel M，Reynolds M P，et al. Comparison of leaf, spike，peduncle and canopy temperature depression in wheat under heat stress ［J］. Field Crops Research，2002，79: 173 – 184

［80］ Bittner – Eddy P D，Beynon J L. The Arabidopsis downy mildew resistance gene，RPP13 – Nd，functions independently of NDR1 and EDS1 and does not require the accumulation of Salicylic Acid ［J］. Mol. Plant Microbe Interact，2001，14: 416 – 421.

［81］ Blum A，Shpiler I，Golan G，et al. Yield stability and canopy temperature of wheat genotypes under drought stress ［J］. Field Crops Research，1989，22: 289 – 296.

［82］ Bol J F，Linthorst H J M，Comellissen B J C. Plant pathogenesis – related proteins induced by virus infection ［J］. Annu Rev Phytopathol，1990，28（5）: 113 – 138.

［83］ Boyes D C，Nam J，Dangl J L. The *Arabidopsis thaliana RPM*1 disease resistance gene product is a peripheral plasma membrane protein that is degraded coincident with the hypersensitive response ［J］. Proc Natl Acad Sci，1998，95: 15849 – 15854.

［84］ Chang J H，Tobias C M，Staskawicz B J，et al.，Functional studies of the bacterial avirulence protein AvrPto by mutational analysis ［J］. Mol Plant Microbe Interact，2001，14: 451 – 459.

［85］ Chauham J S，Moya T B，Singh R K，et al. Influence of soil moisture stress during reproductive stage on physiological parameters and grain yield in upland rice ［J］. *Oryza*，1999，36: 130 – 135.

［86］ Cocker K M，Evans D E，Hodson M J. The amelioration of aluminum toxicity by silicon in higher plants: Solutionor an in planta mechanism? ［J］. Plant Physiol.，1998，104: 608 – 614.

［87］ Dilday R H，Nastasi P，Smith Jr R J. Allelopathic observation in rice（ *Oryza sativa L.* ）to ducksalad（ Heteranthera limosa ）［J］. Proceedings of the Arkansas Academy of Sciences，1989，43: 21 – 22.

［88］ Dilday R H，Yan W G，Moldenhauer K A K，et al. Allelopathy activity in rice for controlling major aquatic weeds. In: M. Olofsdotter ed. Allelopathy in rice ［J］. Manila，Philippines: IRRI，1998: 7 – 26.

［89］Fischer R A, Rees D, Sayre K D, et al. Wheat yield progress associated with higher stomata conductance and photosynthetic rate, and cooler canopies ［J］. Crop Science, 1998, 38: 1467 – l475.

［90］Gu M H, KoyaMa Hand Hara T. Effects of silicon supply on aluminum injury and chemical forms of aluminum in rice plants, Jpn. J. Soil Sci. Plant Nutr. , 1998, 69: 498 – 05.

［91］Hara T, Gu M H, Koyana H. Ameliorative effect of sillcon on aluminum injury in the rice plant ［J］. Soil Sci. Plant Nutr. , 1999, 45: 929 – 936.

［92］Hipps L E, Asrar G, Kanemasu E T. Assesing the interception of photosynthetically active radiation in winter wheat ［J］. Agric Meteorol, 1983, 28: 253 – 259.

［93］Hodson M J, Sangster A G. The interaction between silicon and aluminum in Sorghum bicolor (L.) Moench: Growth an alysis and X – ray microanalysis. Aan ［J］. Botany, 1993, 72: 389 – 400.

［94］Jia Y, McAdams S A, Bryan G T, et al. Direct interaction of resistance gene and avirulence gene products confers rice blast resistance ［J］. EMBO J, 2000, 19: 4004 – 4014.

［95］Jones J D G. Putting knowledge of plant disease resistance gene to work ［J］. Current Opinion in Plant Biology, 2001, 4: 281 – 287.

［96］Kachroop P, Yoshioka K, Shah J, et al. Resistance to Turnip Crinkle Virus in *Arabidopsis* Is Regulated by Two Host Genes and Is Salicylic Acid Dependent but NPR1, Ethylene, and Jasmonate Independent ［J］. Plant Cell, 2000, 12: 677 – 690.

［97］Li J, Brader G, Palvav E T. The WRKY70transcription factor: a node of convergence for jasmonate – mediated signals in plant defense ［J］. Plant Cell, 2004, 16 (6): 319 – 333.

［98］Luck J E, Lawrence G J, Dodds P N, et al. Regions outside of the Leucine – Rich Repeats of Flax Rust Resistance Proteins Play a Role in Specificity Determination ［J］. Plant Cell, 2000, 12: 1367 – 1378.

［99］Ma J F, Takahashi E. The effect of silicate acid on rice in a P – deficient soil ［J］. Plant and Soil, 1990, 26 (1): 121 – 125.

［100］McCree K J. Test of current definitions of photosynthetically active radiation against leaf photosynthesis data ［J］. Agric Meteorol, 1972, 10: 443 – 453.

［101］McDowell J M, Cuzick A, Can C, et al. Downy mildew (*Peronospora parasitica*) *resistance genes in Arabidopsis vary in functional requirements for NDR*1, EDS1, NPR1 and salicylic acid accumulation ［J］. Plant J, 2000, 22: 523 – 529.

［102］Nanda H P, Gangopadhyay S. Role of silicated cells in rice leaf on brown spot disease. Int. J. Trop ［J］. plant Disease, 1984, 2: 89 – 98.

［103］Nimchuk Z, Rohmer L, Chang J H et al. Knowing the dancer from the dance: R – gene products and their interactions with other proteins from host and pathogen ［J］. Current opinion in plant biology, 2001, 4（4）: 288 – 294.

［104］Okada M, Matsumura M, Ito Y, et al. High – affinity binding proteins for N – acetylchi to oligosaccharide elicitor in the plasma membranes from wheat, barley and carrot cells: conserved presence and correlation with the responsiveness to the elicitor ［J］. Plant Cel Physiol, 2002, 43（5）: 505 – 512.

［105］Rashid A, Stark J C, Tanveer A, et al. Use of canopy temperature measurements as a screening tool for drought tolerance in spring wheat ［J］. Journal of Agronomy and Crop Science, 1999, 182: 231 – 237.

［106］Ren T, Qu F, Morris T J. HRT Gene Function Requires Interaction between a NAC Protein and Viral Capsid Protein to Confer Resistance to Turnip Crinkle Virus ［J］. Plant Cell, 2000, 12: 1917 – 1926.

［107］Reynolds M P, Balota M, Delgado M B, et al. Physiological and morphological traits associated with sp ring wheat yield under hot, irrigated conditions ［J］. Australian Journal of Plant Physiology, 1994, 21: 717 – 730.

［108］Reynolds M P, Singh R P, Ibrahim A, et al. Evaluating physiological traits to comp liment emp irical selection for wheat in warm environments ［J］. Developm ents in Plant Breeding, 1997, 6: 143 – 152.

［109］Salmeron J M, Oldroyd G E D, Rommens C M T, et al. Tomato *Prf* Is a Member of the Leucine – Rich Repeat Class of Plant Disease Resistance Genes and Lies Embedded within the Pto Kinase Gene Cluster ［J］. Cell, 1996, 86: 123 – 133.

［110］Shan L, He P, Zhou J M, et al. A cluster of mutations disrupt the avirulence but not the virulence function of AvrPto ［J］. Mol. Plant Microbe Interact, 2000, 13: 592 – 598.

［111］Shoichi Y, Yoshiko O, Kakuzo. Histochemistry of silicon in rice plant

［J］. Soil Sci. Plant Nuir, 1962, 8（1）: 30－41.

　　［112］Umemoto N, Kakitani M, Iwamatsu A, et al. The structure and Function of soybean β－glucan elicitor binding protion［J］. Proc Nail Acad Sci USA, 1997, 94（3）: 1029－1034.

　　［113］Warren R F, Merritt P M, Holub E, et al. Identification of three putative signal transduction genes involved in R gene－specified disease resistance in *Arabidopsis*［J］. Genetics, 1999, 152: 401－412.

第七章　稻田生物多样性构建的生态效应

　　农业集约化生产方式加速了农业生态系统单一化的进程，导致系统平衡被破坏，病、虫、草害频发。在以农业生态环境改善和修复为手段的农业可持续生产和发展的模式中，以农作物多样性的合理布局来提高农业生物多样性水平和控制病、虫、草害的实践，显示出其强大的生命力——即将不同物种的作物或同一作物的不同品种按一定的组合方式和栽种模式进行合理的间栽和套作，将病、虫、草害的发生控制在可以承受的范围内。构建水生动物、水生植物与水稻共存的稻作系统，利用物种多样性、遗传多样性控制有害生物，是农业可持续发展的重要途径。本章综述了国内外稻田物种多样性、遗传多样性利用模式的研究进展，论述了稻田物种多样性、遗传多样性对稻作生态系统的改善，特别是水稻病、虫、草的控制效果及作用机理。

第一节　创建稻田物种多样性

一、构建动植物共生稻作系统

　　稻田养鸭、鱼、虾、蟹、泥鳅、黄鳝等，在继承传统农业精华，推陈出新的基础上逐渐回归稻作生态系统，发挥了显著经济效益和生态效益（王寒等，2007）。动植物共生稻作系统的生态效益主要体现在：抑病（何忠全等，2004；禹盛苗等，2004）、治虫（全国明等，2005；Koji et al，1998）、除草（全国明等，2005；Koji et al，1998；杨治平等，2004）、施肥（杨华松等，2002）、节能减排（黄璜等，2003；王华等，2003；Xi et al，2006）、提高水稻抗性（章家恩等，2007）和生产绿色、安全、优质、环保的稻米（甄若宏等，2008；甘德欣等，2003；黄璜等，2002；黄璜等，2003）上。

（一）构建动植物共生稻作系统的控病效果和机理

构建动植物共生稻作系统可明显控制纹枯病（*Thanatephorus cucumeris*）的发生（曹志强等，2001）。在稻田养鱼、鸭系统中，主要是利用鱼、鸭对纹枯病菌核和菌丝的取食、创伤以及对水稻病叶的取食，从而减少菌源，延缓病情的扩展。鱼、鸭在田间窜行游动，改善了田间的通风透光，降低了田间湿度，使纹枯病菌丝无法正常生长；同时，鱼、鸭游动增加了水体的溶解氧，促进稻株根茎生长，增加抗病能力（王寒等，2007）。曹志强等（2001）报道，在其北方稻鱼共生实验中，稻田养鱼稻谷产量略增，产投比和光能利用率分别比对照高0.08%和0.1%，土壤有机质高0.24%，纹枯病发病率低3.8%。刘小燕等（2004）报道，在养鸭系统中，与非放鸭实验区相比，中稻田和晚稻田，放鸭区的病株率分别降低了27.29%（中稻）和8.21%（晚稻）；章家恩等（2005）、杨治平等（2004）和王成豹等（2003）报道稻田养鸭可延缓水稻纹枯病的发展，纹枯病的发病程度减轻了50.0%左右。杨勇等（2004）对养蟹稻田的病害研究也表明，除纹枯病外，稻瘟病（*Phyricularia grisea*）和稻曲病（*Ustilaginoidea oryzae*）等的发生率也均低于常规稻田。

（二）构建动植物共生稻作系统的治虫效果和机理

构建动植物共生稻作系统对害虫的发生、发展有很好的控制效果（Hakan，2001；Hakan，2002；王晓娥等，2002），在稻田养鱼、鸭系统中，主要是利用鱼、鸭对虫卵、幼虫和成虫的驱赶和取食；能改善生态环境，显著地提高害虫天敌的数量（王寒等，2007）。稻田养鱼使主要在水稻基部取食为害的稻飞虱（*Nilaparata lugens*）落水，被鱼取食，减少危害；同时，鱼田水位深于不养鱼田，减少水面以上稻基部，缩减了稻飞虱的危害范围。稻田养鱼使三代二化螟（*Chilo suppressal*）的产卵空间受限，降低四代二化螟的发生基数，对二化螟的危害也有一定的抑制作用。肖筱成等（2001）报道稻田饲养彭泽鲫鱼（*Carassius auratus var.* pengzenensis）稻飞虱虫口密度可降低34.56%～46.26%；廖庆民等（2001）对稻田中鲤鱼（*Cyprinus carpio*）进行解剖发现，1尾鲤鱼的食物中有叶蝉（*Dehocephalus dorsalis*）2只、稻飞虱4只。不同鱼种对稻飞虱种群的控制有明显差异（Vromant et al.，2002）。刘小燕等（2005）报道鸭子的驱赶和捕杀使二代二化螟幼虫的发生量减少了53.2%～76.8%，三代二化螟幼虫的发生量减少了61.8%，中稻放鸭区二化螟为害株率降低了13.4%～47.1%；晚稻二化螟为害株率降低了62.2%。杨治平等（2004）报道在中稻田，放鸭区第四代、第五代稻飞虱百蔸虫量较非放鸭区分别下降70.2%和72.4%；晚稻田分别下降56.2%和64.7%，通过鸭子的捕食及其活动引起的稻田生态环境改变，对稻飞虱有稳定、持久的控制作用。稻田养鸭丕显著地提高了害虫天敌的数量（禹盛苗等，2004）。

（三）构建动植物共生稻作系统的除草效果和机理

构建动植物共生稻作系统利用动物对杂草的取食达到控制杂草的目的。杨志平等（2004）报道，稻田中放鸭450只·hm^{-2}，对农田杂草的控制率为98.8%，其效果优于施用化学除草剂；李云明等（2004）报道，鸭子控制杂草的总体防效在水稻生长前期为88.0%，后期为96.4%，尤其对阔叶及莎草科杂草控制作用较好，对陌上菜（Lindernia procumbens）、三棱草（Scirpus planiculmis）、牛毛毡（Eleocharis yokoscensis）、节节草（Equisetum ramosissimum）等的控制效果达100%；对禾本科稗草（Echinochloa crusgalli）的控制前期的防效为96.3%，后期为100%；刘小燕等（2004）对稻鸭田杂草变化规律的研究表明，鸭子对杂草的控制效果为98.5%~99.3%，比施用化学除草剂的效果高6.9%~16.1%。周云龙等（2002）报道，在水稻生长期，养鱼稻田阔叶杂草及稗草几乎绝迹；栾浩文等（2003）报道，水稻生长前期草鱼（Ctenopharyngodon idellus）比较喜食稗草，对稗草防效较好，而对慈姑（Sagittaria trifolia var. sinensis）、眼子菜（Potamogeton malaianus）、水马齿（Callitriche stagnalis）以及莎草科的防效较差，因为此时鱼的个体较小、食量有限，所以只取食稗草，不取食其他种类的杂草，水稻生长后期，鱼对稗草、慈姑、眼子菜、水马齿和莎草科杂草的防效均较好。

（四）构建动植物共生稻作系统的节能减排效果和机理

稻田CH_4排放被认为是农田温室效应的主要来源。美国环保局确认在相同分子数量下，甲烷的温室效应是二氧化碳的30倍（Wastson，1992）。甲烷被看成是仅次于二氧化碳的引起全球变暖的重要温室气体之一，据联合国政府间气候变化专业委员会资料，目前大气中甲烷含量为1.77 mg / kg，并以每年1%~2%的速度增长。甲烷对温室效应的贡献达19%（王玲等，2002）。大气CH_4的70%~90%来自地表生物源（李云明等，2004），湿地稻田CH_4排放量占甲烷排放总量的4%~35%（Khalil et al.，1993；蔡祖聪，1993）。稻田CH_4排放受湿度、耕种制度、土壤类型、昼夜时间、纬度、品种、施肥量、生长季度等多种因素影响（宋长春，2004），这些研究结果为制订如何减少甲烷排放措施提供了重要的科学依据（刘小燕等，2006）。刘小燕等（2006）、李成芳等（2008）、展茗等（2008a，2008b）报道稻鸭、稻鱼共作生态系统能有效抑制 CO_2、CH_4 和 N_2O 的总排放，显著降低 CO_2、CH_4 和 N_2O 总排放的综合温室效应。因此，在中国南方稻作区，稻鸭、稻鱼共作生态系统是减少 CO_2、CH_4 和 N_2O 的总排放和改善全球气候的措施之一。

二、构建作物多样性稻作系统

构建作物多样性稻作系统，主要是在稻田中引入其他作物，创造物种间多样性。目前，利用较多的是萍类、茭白（*Zizania caduciflora*）、芋头（*Colocasia esculenta var.* antiquorum）和荸荠（*Heleocharis tuberosa*）等。红萍（*Azolla imbricata*）叶腔内共生红萍鱼腥藻（*Anabaena azolla*），能从空气中直接固氮，还具有强烈的富集水中稀薄钾素的能力，可为水稻提供充分的肥料源，为天敌昆虫提供活动场所，抑制杂草。黄世文等（2003）发现，稻田放养浮萍（*Lemna minor*）、满江红可显著控制稗草的萌发并降低其生物量。束兆林等（2004）报道，"稻—鸭—萍"共作系统中，红萍的繁殖能抑制杂草的光合作用，从而抑制杂草的发生及其危害。徐红星等（2001）在水稻田附近种植茭白，可以减轻水稻上第一代二化螟的发生，而茭白上螟虫是否能迁移到水稻田生存和为害，则正在进一步的研究之中。

第二节　构建稻作系统遗传多样性

构建稻作系统遗传多样性就是要求同田同种作物最大限度做到遗传基础异质。一般采用多品种混合种植或条带状相间种植，也可选用多系品种。朱有勇等（Zhu et al.，2000）发现，将基因型不同的水稻品种间作于同一生产区域，由于遗传多样性增加，稻瘟病的发生比单品种种植明显减少。多系品种已被用于防治水稻稻瘟病，咖啡（*Coffea arabica*）、燕麦（*Avena sativa*）和小麦的锈病。到目前，无论是在小麦、燕麦和大麦（*Hordeum*），还是在水稻上，利用作物遗传多样性防治病害，不外乎把具有不同小种专化抗性的基因型（品种）混合。这个方法是基于在混合群体中没有一个病原小种对所有的寄主基因型都有非常高的毒性的假设。因此，病害流行的速率就会减慢，经济阈值（Economic threshold）有望降低。根据作物遗传多样性的研究与应用实践，其控制病害的机制可归结如下：一是稀释了亲和小种的菌源量；二是抗性植株的障碍效应；三是诱导抗性的产生，如稻瘟病菌非致病性菌株和弱致病性菌株预先接种，能诱导抗性，减轻叶瘟和穗瘟。在品种间混合间栽中，除有上述机制外，还有微生态效应，如间栽品种高于主栽品种，使得间栽品种穗部的相对湿度降低，穗颈部的露水持续时间缩短，从而减少发病的适宜条件等。

目前，稻田生物多样性的构建在一定程度上提高了稻区的物种多样性和遗传多样性，对病、虫、草害有较明显的控制作用，对生态环境有一定的改善。但是，稻田生物多样性构建的生态效应的机理研究仍需从作物、分子生物学和化学生态等方面做进一步的研究探讨；稻田生物多样性共育，减少农药化肥低碳种养模式的低碳经济和生态效益评价体系应尽快构建完善。所以，必须加强五方面的课题研究：（1）各种作物之间的相生相克关系、作用机理及其长期共存的生态效应；（2）各种有害生物的主要天敌种类、生物学、生态学特性及适生环境；（3）物种共存对病虫草影响的生物学和化学生态学机理；（4）全面、持续控制有害生物的优化农业生产模式及评价体系；（5）与此相配套的农艺措施与农业机械。

参考文献

［1］蔡祖聪. 土壤痕量气体研究展望［J］. 土壤学报，1993，30（20）：117－124.

［2］曹志强，梁知洁，赵艺欣，等. 北方稻田养鱼的共生效应研究［J］. 应用生态学报，2001，12（3）：405－408.

［3］甘德欣，黄璜，黄梅. 稻鸭共栖高产高效的原因与配套技术［J］. 湖南农业科学，2003（5）：31－32，36.

［4］何忠全，毛建辉，张志涛，等. 我国近年来水稻重大病虫害可持续控制技术重要研究进展——非化学控害技术研究［J］. 植物保护，2004，30（2）：23－27.

［5］黄璜，黄梅，童泽霞，等. 湿地农田生态系统农药"零量"输入的生态效益分析［J］. 湖南农业科学，2002（3）：45－47.

［6］黄璜，王华，胡泽友，等. 稻鸭种养生态工程的理论分析与实践过程［J］. 作物研究，2003，17（4）：189－191.

［7］黄璜，杨志辉，王华，等．湿地稻—鸭复合系统的 CH_4 排放规律［J］．生态学报，2003，23（5）：929－934.

［8］黄世文，余柳青，段桂芳，等．稻糠与浮萍控制稻田杂草和稻纹枯病初步研究［J］．植物保护，2003，29（6）：22－26.

［9］李成芳，曹凑贵，展茗，等．稻鸭共作生态系统中氧化亚氮排放及温室效应评估［J］．中国农业科学，2008，41（9）：2895－2901.

［10］李云明，赵守清，陈绍才，等．稻鸭共育技术控制水稻主要害虫杂草效果分析［J］．中国植保导刊，2004，24（2）：14－15.

［11］廖庆民．稻田养鱼的经济与生态价值［J］．黑龙江水产，2001（2）：17.

［12］刘小燕，黄璜，杨治平，等．稻鸭鱼共栖生态系统 CH_4 排放规律研究［J］．生态环境，2006，15（2）：265－269.

［13］刘小燕，杨治平，黄璜，等．湿地稻—鸭复合系统中水稻纹枯病的变化规律［J］．生态学报，2004，24（11）：2579－2583.

［14］刘小燕，杨治平，黄璜，等．稻鸭复合生态系统中二化螟发生规律的研究［J］．湖南师范大学·自然科学学报，2005，28（1）：70－74.

［15］栾浩文，辛国芹．稻田养鱼除草试验［J］．现代化农业，2003（10）：11－12.

［16］全国明，章家恩，许荣宝，等．稻鸭共作技术的生物防治效应［J］．生态科学，2005，24（4）：336－338.

［17］束兆林，储国良，缪康，等．稻—鸭—萍共作对水稻田病虫草的控制效果及增产效应［J］．江苏农业科学，2004（6）：72－75.

［18］宋长春．湿地生态系统甲烷排放研究进展［J］．生态环境，2004，13（1）：69－73.

［19］王成豹，马成武，陈海星．稻鸭共作生产有机稻的效果［J］．浙江农业科学，2003（4）：194－196.

［20］王华，黄璜，杨志辉，等．湿地稻—鸭复合生态系统综合效益研究［J］．农村生态环境，2003，19（4）：23－26.

［21］王寒，唐建军，谢坚，等．稻田生态系统多个物种共存对病虫草害的控制［J］．应用生态学报，2007，18（5）：1132－1136.

［22］王玲，魏朝富，谢德体．稻田甲烷排放的研究进展［J］．土壤与环

境，2002，11（2）：158－162.

[23] 王晓娥，王国军，魏仲军，等.稻种资源对水稻三大病害抗性鉴定报告 [J].陕西农业科学，2002（5）：1－4.

[24] 肖筱成，堪学珑，刘永华，等.稻田主养彭泽鲫防治水稻病虫草害的效果观测 [J].江西农业科技，2001（4）：45－46.

[25] 徐红星，俞晓平，吕仲贤，等.水稻田和茭白田越冬代二化螟成虫习性研究 [J].浙江农业学报，2001，13（3）：157－160.

[26] 杨华松，戴志明，万田正治，等.云南稻—鸭共生模式效益的研究及综合评价（二）[J].中国农学通报，2002，18（5）：23－24.

[27] 杨勇，胡小军，张泓程，等.稻渔（蟹）共作系统中水稻安全优质高效栽培的研究 V [J].//病虫草发生特点与无公害防治.江苏农业科学，2004（6）：21－26.

[28] 杨治平，刘小燕，黄璜，等.稻田养鸭对稻鸭复合系统中病、虫、草害及蜘蛛的影响 [J] 生态学报，2004，24（12）：2756－2760.

[29] 杨治平，刘小燕，黄璜，等.稻田养鸭对稻飞虱的控制作用 [J].湖南农业大学学报·自然科学版，2004，30（2）：103－106.

[30] 禹盛苗，金千瑜，欧阳由男，等.稻鸭共育对稻田杂草和病虫害的生物防治效应 [J].中国生物防治，2004，20（2）：99－102.

[31] 展茗，曹凑贵，汪金平，等.稻鸭共作对甲烷排放的影响 [J].应用生态学报，2008，19（12）：2566－2672.

[32] 展茗，曹凑贵，汪金平，等.复合稻田生态系统温室气体交换及其综合增温 [J].生态学报，2008，28（11）：5461－5468.

[33] 章家恩，许荣宝，全国明，等.鸭稻共作对水稻生理特性的影响 [J].应用生态学报，2007，18（9）：1959－1964.

[34] 周云龙，谷彦君，赵巨强.稻田养鱼除草试验报告 [J].黑龙江水产，2002（3）：16－17.

[35] 甄若宏，王强盛，何加骏，等.稻鸭共作对水稻产量和品质的影响 [J].农业现代化研究，2008，29（5）：615－617.

[36] Hakan B. Pesticide use in rice and rice－fish farms in the Mekong Delta, Vietnam [J].Crop Protection，2001，20（10）：897－905.

[37] Hakan B. Rice monoculture and integrated rice－fish farming in the Mekong

Delta, Vietnam: Economic and ecological considerations [J] . Ecological Economics, 2002, 41 (1): 95 – 107.

[38] Khalil M A, Rasmuasen R A, Moraes F. Atmospheric methane at cape measures: Analysis of a high – resolution database and its environmental implications [J] . Journal of Geophysical Research, 1993, 98 (8): 14753 – 14770.

[39] Koji T, Liu X, Yoko K. The influence of free – ranging ducks (Indian runner, Chinese native duck and crossbred duck) on emerging weeds and pest insect infestation in paddy fields [J] . Japan Journal Livestock Management, 1998, 34 (1): 1 – 11.

[40] Vromant N, Nhan D K, Chau N T H, et al. Can fish control planthopper and leafhopper populations in intensive rice culture? [J] . Biocontrol Science and Technology, 2002, 12 (6): 695 – 703.

[41] Wastson R. Climate: the supplementary report to the IPCC scientific asseasment [M] // IPCC. London: Cambridge University Press, 1992: 567.

[42] Xi P A, Huang H, Huang M, et al. Studies on technique of reducing methane emission in a rice – duck ecological system and the evaluation of its economic significance [J] . Agricultural Sciences in China, 2006, 5 (10): 758 – 766.

[43] Zhu Y Y, Chen H R, Fan J H, et al. Genetic diversity and disease control in rice [J] . Nature, 2000, 406 (6797): 718 – 722.

第八章　农业生物多样性构建的 控病、增产效应

追溯世界农业发展的历史，依赖化学农药控制植物病害的历史不足百年，在几千年的传统农业生产中，是什么因素发挥了对作物病害持续调控的重要作用？几万年的原始森林至今仍郁郁葱葱，生生不息，又是什么因素使其抵御了植物病害的侵袭？迁思回虑，作物品种多样性无疑是漫长传统农业生产中对病害持续调控的重要因素之一。回首审视，生物多样性与生态平衡无疑是保持原始森林生生不息的重要自然规律之一。

诚然，长期以来，为满足人口增长的食物需求，农业生产不得不追求高产再高产的目标。各地区先后实现了高产品种大面积种植和与其配套的化肥农药高投入的高产措施。毋庸置疑，现代高投入高产出的生产模式，为满足不断增加的食物需求，做出了巨大的贡献。但是，长期单一化品种的大面积种植和高产品种遗传背景的狭窄化，以及农药化肥不合理使用等诸多原因，使农田生物多样性严重下降（吴新博，2001）。在过去 100 年间农田种植的农作物品种数量急剧减少。美国玉米、西红柿等作物种植的品种减少 85%，韩国 14 种作物种植的品种减少74%。我国水稻品种从 40000 余个减少到 1000 余个，玉米品种从 11000 个减少到 150 余个（李振岐，1998）。品种单一化不仅造成大量种质遗传资源的丧失，而且加大了病原菌的定向选择压力，加速寄生适合度强的病菌类型迅速上升为优势组群，品种抗性"丧失"，作物抗逆性降低，主要病害流行周期越来越短，次要病害纷纷上升为主要病害。品种单一化导致的作物病害爆发成灾的事例历历可数，成为现代农业生产中的潜在危机（Matian，2000）。

早在 1872 年，达尔文就观察到小麦品种混种比种植单一品种产量高，病害轻（Mundt，1996）。20 世纪 80 年代以来，德国、丹麦、波兰采用大麦品种混合种植的方法，成功地控制了大面积大麦白粉病的流行。美国长期进行了小麦品种混合种植控制锈病的深入研究，获得了明显的防治效果（Mundt，1996）。印度

尼西亚、菲律宾、越南、泰国等一些国家，进行了水稻品种多样性混栽试验，有效地降低了水稻真菌病害和病毒病害的发病率（Leung et al.，2003）。我国千百年来农民就有利用作物品种多样性的习惯，云南、四川等地高寒山区的农民，年年在他们的农田中混合种植多个作物品种，以抵御各种各样的气象灾害和生物灾害，获得较好的收成，保证他们赖以生存的谷物需求。在云南元阳梯田，哈尼人世世代代种植的水稻传统红米品种（系列地方品种），口头传承连续种植了一千多年，根据当地生产数据统计分析，从 1986 年以来亩产变化幅度仅在 1.2% 至5.8% 之间，稻瘟病穗颈瘟发病率仅在 1.6% 至 6.2% 之间。

众所周知，不同作物不同病害，不同病害不同病菌。根据不同作物和病原菌生物学特性，建立合理的农业生物多样性生态系统，能有效降低作物病害流行（Leung et al.，2003；Li et al.，2009）。近年来我国科技工作者在利用生物多样性调控作物病害方面做了大量研究和实践，长期活跃在该领域的研究前沿。明确了在农业生态系统中作物品种多样性是调控病害的基本要素（Li et al.，2009），同时探明了作物多样性种植调控病害的效应和作用（Leung et al.，2003；Li et al.，2009；Zhu et al.，2005），为作物病害的控制提供了有用的方法。

第一节　品种遗传多样性构建的控病效应

利用抗病品种防治作物病害是一种经济有效的方法，选育一个抗病品种需要多年时间，人们希望抗病品种能够长期发挥作用。但是，品种抗性并不是一成不变的，会因为本身遗传性的变异或受到病原物与环境因素的影响而改变。小种专化抗病性是在抗病育种中普遍应用的抗病性类型，品种抗病性往往因为病原菌小种的改变而失效，发生抗病性"丧失"现象。在世界范围内，品种抗病性失效问题普遍而严重。为了解决这一问题，保持品种抗病性的有效性，就需要利用持久抗病性或采用多种措施延长品种抗病性的持久度。保持品种抗病性的有效性，延长品种抗病性持久度的途径，主要是改进育种策略和合理使用抗病品种。目前增加作物遗传多样性的方法的育种策略有培育多抗病基因聚合品种、多系品种和水平抗性品种等；栽培策略有品种多样性间栽、混种和区域布局等方式，这些多样性种植方式的合理应用均能有效控制病害的发生流行。

一、构建抗病基因多样性的控病效应

在主要农作物生产中，遗传单一性成为一个严重的缺陷。因为一旦病害在单一的品种上发生，其流行速率将非常快，从而造成严重损失。为了避免遗传单一性，育种学家尝试在同一品种中引进多个主要的抗性基来构建抗病基因多样性。Van der Plank（1963，1968）提出水平抗性理论，选育多个主效基因或微效基因的水平抗性品种，减缓垂直抗性或单基因引起的病害流行问题。Yoshimura 等（1985）提出聚合多个不同主效抗病基因选育广谱抗病品种，利用基因多样性解决单基因抗性引起病害流行。Jensen（1952）提出由 Norman（1953）和 Browning（1969）等发展的多系品种控病理论，利用抗病基因多样性减少病菌选择压力，解决品种单一化病害难题。

（一）多系品种构建的控病效应

多系品种的概念最早由 Jenson 等（1952）提出，主要目的是用抗性基因多样化的方案作为稳定锈病病原群体的方法，以延缓或防止新生理小种的形成。多系品种由一系列稳定一致的品系组成。这些品系的主要农艺性状大体相同，而在抗病基因上存在着差异。所以多系品种实际上是一个复合群体。组成多系品种的品系也称"近等基因系"，一般有几个到十几个。近等基因系通过多次回交或包括轮回亲本在内的复交得到。

多系品种的抗病机制是变垂直抗性为水平抗性，组成多系品种的近等基因系，分别抗某一病害的特定生理小种，称为垂直抗性。针对病害生理小种的流行情况，有计划地配制多系品种的近等基因系。这些垂直抗性都起作用时，多系品种就具有水平抗病力。虽然可能出现新的生理小种导致某一品系丧失抗病能力，但整个多系品种的群体能对病害流行起到缓冲和阻隔作用。一个多系品种也不是永远不败的，为了长期利用，必须不断替换其感病的品系。这就要求不断寻找新的抗病基因，再把它转移到近等基因系中。由于选育利用多系品种可以长效控制病害的发生流行，多系品种在国外已得到了实际应用，如哥伦比亚推广的小麦多系品种 Mirama 65、美国的燕麦多系品种 G68、日本水稻多系品种 Sasanishiki BL 等。

1. 麦类多系品种构建的控病效应

Jensen（1952）在燕麦上提出多系品种，Borlaug（1958）主张在小麦育种工作中利用多系品种来对付锈病。第一个小麦多系品种"Miramar 60"在哥伦比亚

育成并应用于生产防治条锈病。墨西哥国际玉米和小麦研究中心，在选育适应性广泛的优良品种的基础上，已获得上百个近等基因系，配制成各种多系品种的组合。实践证明，多系品种作为一种防病措施，对于小麦主要病害条锈、秆锈、叶锈等是有效的，能够控制病害的严重流行。

Kolser 等研究表明，利用含有已知抗大麦白粉病的不同大麦品系作供体，用感病的大麦品种 Pallas 作轮回亲本通过回交育成系列近等基因系。几个近等基因系各按一定比例组成多系品种。经过 4 年在 4 个地点对所配的多系品种的研究表明，绝大多数多系品种相当抗病，发病程度仅为 Pallas 的 14% ~ 35%。所有多系品种都比 Pallas 的产量高，而多系品种 M31 比 Pallas 的产量高 12.5%。这些结果表明，如果抗病性不起作用的话，白粉病将使产量减少 10% 左右。

麦类作物多系品种的研究表明，寄主植物种内的遗传多样化可以明显减轻叶部专性寄生菌引起的病害。在一个专性抗病基因为异源的多系品种中，对病害的控制作用可分为抗病基因的直接作用和品系混合的间接作用。直接作用是组分品系中抗病基因的平均作用，涉及病菌群体的毒性组成。品系或品种混合种植的防病增产作用得益于：混合品系降低了感病植株的密度；抗病植株的屏障阻隔作用；由无毒性接种体引起的诱导抗性。不同的研究表明，40% ~ 75% 的抗性组分品系就足以控制混合品种系中病害的发生。组成混合品种的各组分品种的专化抗病基因和遗传背景不同，由于各组分品种的专化抗性不同而减轻病害的发生程度，加上组分品种间对环境条件的适应性不同而使混合品种的产量高而稳，即所谓的补偿作用。

2. 水稻多系品种构建的控病效应

水稻品种防治稻瘟病抗性遗传多样性的商业化利用自 20 世纪 90 年代以后起步。1963 年日本育成的 Sasanishiki 在日本东北地区被广泛种植，并赢得了高度的市场评价，种植面积一度扩大。但因 1971 年、1974 年、1976 年三年稻瘟病的连续多发，使得对稻瘟病抗性较弱的 Sasanishiki 品种屡屡受害。为此，人们开始了在不改变 Sasanishiki 的基本特征特性的前提下进行抗稻瘟病强化育种。将当时已知的十几种对稻瘟病的抗病性基因，导入到 Sasanishiki 中，育成了多系品种 Sasanishiki BL，于 1995 年投放生产并用于稻瘟病防治，1996 年获正式登记（Mew et al, 2011）。这个多系品种除轮回亲本 Sasanishiki 含 $Pi-a$ 外，9 个近等基因系（NILs）含 9 个完全抗性基因（$Pi-i$、$Pi-k$、$Pi-ks$、$Pi-km$、$Pi-z$、$Pi-ta$、$Pi-ta2$、$Pi-zt$、$Pi-b$）。1995 年首先将 8 个近等基因系的 3 个品系

（$Pi-i$、$Pi-km$、$Pi-z$）按照 4:3:3 的比例混合作为一个多系品种利用，1996年改变比例为 3:3:4；1997 年，$Pi-zt$ 加入到上面的 3 个品系中，其基因型为 $Pi-zt$、$Pi-i$、$Pi-km$、$Pi-z$，按 1:1:4:4 的比例混合作一个多系品种利用。这些多系品种自投放生产后，整个水稻生长期只需防治穗瘟一次，而常规的水稻品种一般须防治 4~5 次。它既能有效地控制稻瘟病的发生，同时又保留了 Sasanishiki 的基本特征特性。

（二）多抗病基因聚合品种构建的控病效应

由于各种病原微生物的易变性，采用单基因进行防治病害就存在较大的风险，容易因单基因抗性丧失带来较大的病害发生；一个品种中携带多个抗病基因可以有效延缓抗性丧失，而且不同抗病基因间还存在一定的协同作用，所以聚合多个不同类型的抗病基因是解决目前作物病害的有效方法之一。目前应用较多的是水稻抗稻瘟病、白叶枯病等抗病基因及小麦抗条锈病基因聚合品种。

1. 水稻抗稻瘟病基因聚合品种的控病效应

目前已定位的抗稻瘟病基因有 60 多个，并成功从水稻中分离克隆了 $Pi-b$、$Pi-ta$、$Pi-9$、$Pi-2$、$Pi-zt$ 和 $Pi-d2$ 等 6 个抗稻瘟病基因（谢红军等，2006），报道克隆或定位的广谱抗稻瘟病基因 8 个（吴俊等，2007）。目前生产上使用的抗病品种多为携带单一抗病基因，在生产中由于稻瘟病菌生理小种的变化会很快丧失抗性。因此，很多科学家尝试培育携带多个抗病基因的聚合品种来降低稻瘟病的危害。Zheng 等（1995）将抗稻瘟病基因 $Pi-1$，$Pi-2$，$Pi-4$ 聚合到同一品种中。Hittalmani（2000）将稻瘟病抗性基因 $Pi-z5$、$Pi-1$、$Pi-ta$ 聚合到 BLI24 中。陈学伟等（2004）将 Digu，BL.1 和 Pi.4 号水稻品种中的 $Pi-d$（t），$Pi-b$ 和 $Pi-ta$ 抗性基因聚合到保持系杂交品种 G46B 中，其稻瘟病抗性明显提高。陈红旗等（2008）以 C101LAC 和 C101A51 为稻瘟病抗性基因的供体亲本，金 23B 为受体亲本，通过杂交、复交及一次回交，在分离世代利用分子标记辅助选择技术结合特异稻瘟病菌株接种鉴定和农艺性状筛选，获得 6 个导入 $Pi-1$、$Pi-2$ 和 $Pi-33$ 基因的金 23B 导入系，其中导入系 W1 对稻瘟病的抗病频率为 96.7%，明显高于携带单个基因的 C104LAC（$Pi-1$）、C101A51（$Pi-2$）和北京糯（$Pi-33$）。基因聚合后抗病频率提高，说明基因聚合是培育稻瘟病持久抗性的有效方法之一。

2. 水稻抗白叶枯病基因聚合品种的控病效应

目前已鉴定出 30 多个抗白叶枯病基因，其中 21 个为显性抗性，17 个基因被定位到染色体上，5 个基因已被克隆（*Xa*1，*Xa*5，*Xa*21，*Xa*26 和 *Xa*27）（郭士伟等，2005；李明辉等，2005）。在这些工作的基础上，已通过分子标记辅助选择和转基因方法育成了一些聚合多抗病基因的新品系。Yoshlmura 等（1995）培育了含有 *Xa*4/*Xa*5 和 *Xa*5/*Xa*13 的两个材料，研究发现其抗性大于两个抗性基因之和。徐建龙（1996）等研究认为聚合了 *Xa*5 和 *Xa*3 抗性基因的晚粳品系 D601、D602 和 D603 的抗性水平和抗扩展能力强于双亲，抗谱宽于含单个基因 *Xa*3 的品种秀水 11。Huang 等（1997）利用分子标记辅助选择对 *Xa*4、*Xa*5、*Xa*13 和 *Xa*21 四个抗性基因进行聚合，培育出分别具有 2 个、3 个及 4 个不同抗病基因的聚合系，聚合系的抗病性较单个抗病基因的材料有较大提高。Priyadarisini 等（1999）利用从印度南部收集的 140 个白叶枯病菌株，在最高分蘖期鉴定 IR24、IRBB21（*Xa*21）和 NH56（*Xa*4 + *Xa*5 + *Xa*13 + *Xa*21）的抗性。结果表明 IR24 对所有的 140 个菌株均高感，20 个菌株对 IRBB21 表现致病，而 NH56 对所有菌株均表现高抗，说明多个抗病基因的聚合提高了抗病性，也说明在印度南部单独使用 *Xa*21 防治白叶枯病并不是一个稳妥的策略。Sanchez 等（2000）将 *Xa*5、*Xa*13 和 *Xa*21 基因导入到三种水稻中，其中 BC3F3 群体有超过一个的抗性基因，与单个抗性基因相比具有更强更广谱的抗性。在采用 MAS 聚合抗水稻白叶枯病基因研究方面，Yoshimura 等（1992）首先利用分子标记辅助选择育成 *Xa*1 + *Xa*3 + *Xa*4 聚合系。黄廷友等（2003）将 *Xa*21 和 *Xa*4 聚合到蜀恢 527 中。邓其明等（2005，2006）将白叶枯病抗性基因 *Xa*21、*Xa*4 和 *Xa*23 聚合到绵恢 725 中。巴沙拉特等（2006）也将 IRBB60 中的 *Xa*4、*Xa*5、*Xa*13、*Xa*2 共 4 个抗白叶枯病基因与 8 个水稻新品系，组配 8 个杂交组合，应用分子标记辅助选择技术从后代分离群体中共获得 216 个携带 4 个抗白叶枯病基因的纯合体。易懋升等（2006）通过 MAS 获得了完全纯合的聚合有 2 个恢复基因 *Rf*3、*Rf*4 和 4 个抗白叶枯病基因 *Xa*4、*Xa*5、*Xa*13 和 *Xa*21 的新材料。秦钢等（2007）同样对白叶枯病抗性基因 *Xa*4 和 *Xa*23 分子聚合进行了研究。

3. 小麦抗条锈病基因聚合品种的控病效应

小麦条锈病是由小麦条锈菌（*Puccinia striiformis* f. sp *tritici*）引起的一种小麦生长过程中最为常见的病害，流行频率高、爆发性强、流行范围广、危害程度大，病害流行时，严重发生时可导致小麦减产 30% 以上（李振岐，2005）。抗条锈病品种的选育应用是控制条锈病危害的最为经济、有效、安全的途径。目前，国际上已正式命名了 40 个位点的 43 个主效抗条锈病基因，即 *Yr*1 ~ *Yr*40，其中包括两个复等位基因位点。此外，还暂命名 25 个抗条锈基因。这些抗性基因大部分已找到与其紧密连锁的分子标记，相关基因的克隆工作也有了一定的进展，其中 Yr36 已被成功图位克隆（Fu et al.，2009）。但目前生产上多数小麦抗病品种抗条锈基因尚不明确，如果大面积推广种植单一抗源品种会加速对该抗病基因有毒性的条锈菌生理小种的发展，导致品种的抗病性"丧失"。因此，培育多个条锈病抗性基因聚合的品种是持久防治条锈病的一种有效方法。曾祥艳等利用分子标记解析小麦新种质 YW243，证实 YW243 中含有抗条锈病基因 Yr9、Yr2、Yr、YrX，抗秆锈病基因 Sr31，抗叶锈病基因 Lr26，抗白粉病基因 Pm4a、Pm8，抗黄矮病基因 Bdv2（曾祥艳等，2005）。曾祥艳等通过杂交、复交方式，并利用与抗病基因紧密连锁的特异 PCR 标记对每代材料进行跟踪检测，快速准确地实现多基因聚合，获得了多个抗病基因 Pm4 + Pm13 + PmV + YrX + Bdv2 聚合的冬性小麦新种质（曾祥艳等，2006）。

多抗病基因聚合品种和多系品种的选育和利用增加了遗传多样性，延缓了抗性的丧失。然而，培育多系品种和多基因聚合品种对于大多数作物来说是不切实际的，因为要花费大量时间和资源才能培育出多系品种和多基因聚合品种，比培育"单一"栽培品种困难得多。

二、品种多样性种植体系构建的控病效应

由于抗病育种的周期性限制，通过抗病品种合理布局和使用混合品种，科学增加农田各个层次的生物多样性，成为最重要的抗病品种使用策略。目前主要的应用方式有品种多样性间栽、混种和区域布局三种方式（表 8 - 1），这些多样性种植方式的合理应用均能有效控制病害的发生流行。

（一）品种多样性间栽对病害的控制效应

品种多样性间栽是在时间与空间上同时利用遗传多样性的种植模式，即在同一块田地上，将不同品种按照一定行比间栽，可有效地减轻植物病害的发生。云南农业大学在利用水稻遗传多样性控制稻瘟病方面进行了深入研究。在多年试验研究的基础上，构建了品种混栽的技术参数和推广操作技术规程，建立了利用水稻遗传多样性持续控制稻瘟病的理论和技术体系，探索出了一条简单易行的控制稻瘟病的新途径（Zhu et al.，2000a）。

表 8 – 1　水稻品种多样性种植控制病害的方法、优缺点和应用

种植模式	空间模式	优点	缺点	应用
方法 1：种子随意混合	XOXOXXOOXO OOXOXXOXXO XOXOOOXOXX XOXOOOXOXX XOXOXXOOXO 1 感:1 抗	• 较高的病害控制效果 • 品种株高和生育期一致时易于栽培、管理和收获 • 适合水稻移栽和直播水稻	• 品种具有相似的遗传背景时功能多样性低 • 只能以混合种子进行销售，混栽比例应考虑适口性和产品质量 • 品种可具有相同的表现型和成熟期	感病优质品种 IR64 和抗病品系以 1:1 的比例进行种子混合，在菲律宾南部的东格鲁病高发病区和低发病区均显著降低该病的发生。（R. Cabunagan and I. R. Choi，IR-RI，unpub. results）
方法 2：单行间作（几行抗病品种间作 1 行感病品种）	XXOXX XXOXX XXOXX XXOXX XXOXX XXOXX XXOXX XXOXX XXOXX XXOXX 1 感:4（或 6）抗	• 功能多样性比方法 1 高 • 感病品种的病害控制效果高，但比方法 1 低 • 用途、株高和生育期不一致的品种也可进行混栽 • 可最大限度提高高秆品种的抗倒伏能力	品种的成熟期不一致时移栽和收获费工费时	云南和四川以感病糯稻品种和杂交稻间作控制稻瘟病（Zhu et al，2000a）
方法 3：条带间作（几行感病品种和几行抗病品种交替种植）	XXXOOOXXXOOO XXXOOOXXXOOO XXXOOOXXXOOO XXXOOOXXXOOO XXXOOOXXXOOO 3 感:3 抗	• 用途、株高和生育期不一致的品种也可进行混栽 • 可提高高秆品种的抗倒伏能力，但效果较方法 2 低	• 病害的控制效果低于方法 1 和 2，特别是种植感病严重的品种时 • 品种的成熟期不一致时移栽和收获费工费时 • 品种的株高和成熟期不一致时应考虑混栽比例对品种竞争的影响	印度尼西亚 Lampung 省用高产感病的现代品种和抗病低产的传统品种进行旱稻混作评价稻瘟病的控制效果，初步结果表明感病品种混栽田块的穗瘟没有明显降低，未来的试验将考虑使用中抗稻瘟病的现代品种

1999—2000 年朱有勇等在云南省建水县和石屏县开展了水稻多样性种植控病增产生态学试验。试验选用两个杂交稻品种油优 63（A）、油优 22（B）和 2 个优质稻地方品种黄壳糯（C）和紫谷（D）为混合间栽试验材料。经品种抗性基因指纹分析（亦称"抗性基因同源序列"：Resistance gene analogue，RGA）鉴定，发现两个杂交稻品种的抗性基因指纹相似，相似系数为 90%，而 2 个优质稻地方品种的抗性基因指纹也相似，相似系数为 90%；但两个杂交稻品种与两个优质稻品种之间的抗性基因指纹差异较大，相似系数仅为 60%。经温室人工接种对 30 个稻瘟病菌株抗性测定，病菌对优质稻的毒力频率为 86.2%，对杂交稻的毒力频率仅为 13.8%。根据供试品种的遗传背景、对稻瘟病的抗性以及农艺性状和经济性状的不同，分别在不同的试验点设置了两种品种不同组合的 8 个处理及多个品种不同组合的 15 个混合间栽及净栽处理。按不同的品种组合，8 个处理分别为：AC、AD、BC、BD 品种混合间栽以及 A、B、C、D 品种净栽。不同品种组合的 15 个处理分别为：AB、AC、AD、BC、BD、CD、ABC、ABD、ACD、BCD、ABCD 品种混合间栽以及 A、B、C、D 品种净栽。本试验在云南建水县和石屏县 4 个实验地点进行，每个试验点的 8 个处理设置 3 次重复，共 24 个试验小区，每个小区为 20m²，小区按随机排列方式设置；15 个处理的田间试验，每个处理设置 4 次重复，共 60 个试验小区，每个小区为 8m²，小区按随机排列方式设置，保护行种植水稻品种齐头谷。

在杂交稻与优质地方稻的间栽处理中以杂交稻（油优 63 和油优 22）为主栽品种，优质地方稻（黄壳糯和紫谷）为间栽品种；种植模式与笔者以往的报道的方法基本一致，即按优质稻:杂交稻:杂交稻:杂交稻:优质稻［行距：15:15:30:15:15（cm）］的条栽规格进行栽插，即在原来杂交稻条栽的基础上，在每 4 行的宽行（30cm）中间多增加一行优质稻。杂交稻单苗栽插，株距为 15cm，优质稻丛栽，每丛 4~5 苗，丛距为 30cm。稻种使用 0.1% 多菌灵拌种消毒，实行拱架式薄膜育秧。田间肥水管理按常规高产措施进行，试验区不使用防治稻瘟病的农药。

1. 两种品种不同布局模式控病增产效果

云南农业大学从 1999 年 4 月开始到 2000 年 9 月 15 日结束的实验结果表明（见表 8 - 2），虽然不同地区田间试验稻瘟病的发病情况存在较大的差异，但总体的趋势均一致，表明杂交稻和优质稻的混合间栽处理对稻瘟病有十分明显的控制效果，尤其是对感病优质稻品种的控制效果更为显著。如：当黄壳糯品种净栽

时，建水和石屏稻瘟病的平均发病率分别为 55.31% 和 25.31%，病情指数为
0.3379 和 0.1135；黄壳糯与汕优 63 混合间栽后，建水和石屏稻瘟病的平均发病
率分别降至 2.5% 和 1.03%，病情指数分别降至 0.0065 和 0.0015；与净栽相比
黄壳糯在建水和石屏混合间栽中的平均防效分别为 98.1% 和 98.6%；黄壳糯与
汕优 22 混合间栽时，在建水和石屏的实验田中稻瘟病平均发病率仅为 5.42% 和
1.34%，病情指数为 0.0185 和 0.0055，与净栽相比黄壳糯在与汕优 22 混合间栽
中的平均防效达 94.5% 和 95.2%。另一感病地方优质品种紫谷净栽时，在建水
和石屏两地稻瘟病平均发病率分别为 23.62% 和 13.15%，病情指数分别为
0.0615 和 0.0515；与汕优 63 混合间栽，在建水和石屏两地的实验田中稻瘟病的
平均发病率仅分别为 5.84% 和 1.12%，病情指数为 0.0103 和 0.0023，与净栽相
比紫谷在与汕优 63 的混合间栽的平均防效分别为 83.2% 和 95.5%。紫谷与汕优
22 混合间栽时，建水和石屏两地实验田的稻瘟病平均发病率仅为 7.19% 和
1.43%，病情指数为 0.0116 和 0.0046，与净栽相比紫谷与汕优 22 混合间载的平
均防效达 81.1% 和 91.1%。

表 8-2　云南建水县和石屏县两种品种不同搭配的 8 个处理的田间稻瘟病平均发病结果

处理编号	品种组合	发病率（%）	病情指数（10^{-2}）	防效（%）
1	汕优-63（Shanyou-63）（A）/黄壳糯（Huangkenuo）（C）	3.34c ±3.20	1.24b ±1.36	50.20
		1.77c ±0.89	0.43c ±0.33	98.35
2	汕优-63（Shanyou-63）（A）/紫谷（Zigu）（D）	3.87c ±4.10	1.32b ±1.44	53.45
		3.46c ±2.72	0.63c ±0.46	89.35
3	汕优-22（Shanyou-22）（B）/黄壳糯（Huangkenuo）（C）	4.93c ±4.60	1.73b ±1.74	15.30
		3.37c ±2.35	1.20b ±0.75	94.85
4	汕优-22（Shanyou-22）（B）/紫谷（Zigu）（D）	5.08c ±4.72	1.89b ±1.95	33.8
		4.31c ±3.43	0.81b ±0.41	86.10
5	汕优-63（Shanyou-63）（A）	4.61c ±4.10	2.10b ±2.15	—
6	汕优-22（Shanyou-22）（B）	5.64c ±4.52	2.44b ±2.34	—
7	黄壳糯 L（Huangkenuo）（C）	40.31a ±17.71	22.58a ±13.08	—
8	紫谷（Zigu）（D）	18.38b ±6.45	5.65b ±0.98	—

注：P = 0.05

混合间栽处理产量结果看出（表8-3），不同地区获得比较一致的结果。在同一单位面积中，各杂交稻与优质地方稻混合间栽处理与净栽的杂交稻相比均有显著的增产结果，而优质地方稻在混合间栽群体中抗倒伏的能力明显增强。在建水县汕优63与黄壳糯或紫谷混合间栽的试验中，每公顷产量分别为10584.7kg和10784.2kg，比净栽的汕优63分别增产797.2kg和996.7kg，增产幅度分别为8.14%和10.18%。在石屏县汕优63与黄壳糯或紫谷混合间栽的试验中，每公顷产量分别为8141.2kg和8120.7kg，比净栽汕优63分别增产663.7kg和643.2kg，增产幅度分别为8.87%和8.60%。在建水县，汕优22与黄壳糯或紫谷混合间栽的试验中，每公顷比净栽汕优22分别增产714.8kg和924.7kg，增产幅度分别为7.47%和9.67%之间；在石屏县，汕优22与黄壳糯或紫谷混合间栽的试验中，每公顷比净栽汕优22分别增产740.7kg和731.1kg，增产幅度分别为9.91%和9.78%。

表8-3 云南建水县和石屏县两种品种不同搭配的8个处理的田间平均产量结果

处理编号	品种组合	单产（Kg/ha）	总产（kg/ha）	产量净增（kg/ha）	增幅（%）
1	汕优-63（Shanyou-63）（A）/黄壳（Huangkenuo）（C）	8581.5	9363.0ab	730.5	8.5
		781.5			
2	汕优-63（Shanyou-63）（A）/紫谷（Zigu）（D）	8588.5	9452.5a	819.9	9.4
		864.0			
3	汕优-22（Shanyou-22）（B）/黄壳（Huangkenuo）（C）	8444.7	9246.5b	727.8	8.7
		801.8			
4	汕优-22（Shanyou-22）（B）/紫谷（Zigu）（D）	8442.1	9346.6ab	827.9	9.7
		904.5			
5	汕优-63（Shanyou-22）（A）	8632.5	8632.5c	—	—
6	汕优-22（Shanyou-22）（B）	8518.7	8518.7c	—	—
7	黄壳糯（Huangkenuo）（C）	3965.1	3965.1d	—	—
8	紫谷（Zigu）（D）	3880.3	3880.3d	—	—

2. 不同品种多样性搭配种植对稻瘟病的控制效果

石屏县不同品种多样性搭配种植的15种处理对稻瘟病的控制效果研究表明（表8-4），大多数杂交稻和地方优质稻混合间栽的处理中稻瘟病的发病均有显著的降低。高感品种黄壳糯净栽处理，稻瘟病平均发病率为 32.43%，病情指数为 0.12；但在与杂交稻品种混合间栽的各处理中，黄壳糯的稻瘟病平均发病率均有显著的下降，仅在 1.35% ~ 2.26% 之间，最高的病情指数仅为 0.0081，最低为 0.0029，与净栽相比黄壳糯的平均防效在 93.2% ~ 97.5% 之间；另一感病优质地方稻品种紫谷净栽处理稻瘟病平均发病率为 9.23%，病情指数为 0.0395，但在与杂交稻混合间栽的各个处理中，紫谷的稻瘟病平均发病率也有显著的下降，在 0.67% 到 2.18% 之间，病情指数在 0.0025（A/D 组合）~ 0.0075（A/B/C/D 组合）之间，与净栽相比紫谷的平均防效从 81.0% ~ 93.6%（A/D 组合）。上述两个感病优质品种进行混合间栽时，抗病性也有一定的提高，在与杂交稻混合间栽的组合中，各不同的处理中均获得了对稻瘟病不同程度的控制效果，特别是当一个杂交稻和一个优质地方品种混合间栽时，感病优质地方品种的抗病性有显著的提高。

结果还表明，当两个杂交稻品种混合间栽处理时，对稻瘟病抗性有一定的作用，但抗病性的增强不明显。汕优 63 净栽处理的平均发病率为 1.53%，病情指数为 0.0028。在与优质地方品种混合间栽的处理中，平均发病率在 0.57% ~ 0.85% 之间，平均病情指数在 0.0010 ~ 0.0019 之间，平均防效在 35.7% ~ 64.2% 之间。汕优 22 净栽处理的平均发病率和病情指数分别为 2.01% 和 0.0041。在与感病地方优质品种混合间栽的处理中，平均发病率在 0.67% ~ 1.78% 之间，平均病情指数在 0.0012 ~ 0.0034 之间，平均防效在 17.1% ~ 65.8% 之间。本实验结果也表明，对抗性基因指纹相似的品种进行混合间栽，对稻瘟病抗性的提高没有明显效果。汕优 63 和汕优 22 混合间栽的发病率分别为 0.87% 和 1.03%，病情指数分别为 0.0019 和 0.0031，与这两个品种的净栽相比其防效分别为 32.1% 和 24.3%；而黄壳糯和紫谷相互混合间栽的发病率分别为 16.61% 和 12.03%，病情指数为 0.1078 和 0.0365，相对防效为 10.2% 和 7.5%，与其净栽相比抗性没有明显的提高。

表 8 – 4　云南石屏县不同品种多样性搭配的 15 个处理的田间稻瘟病发病结果

处理编号 （品种数）	品种组合	发病率 （%）	病情指数 （10^{-2}）	防效 （%）
1（2）	汕优 63/黄壳糯 ［Shanyou63（A）/Huangkenuo（C）］	0.731 ± 0.07	0.48defghi ± 0.43	64.20
		1.35ijk ± 0.11	0.31ghi ± 0.02	97.40

续　表

处理编号（品种数）	品种组合	发病率（%）	病情指数（10⁻²）	防效（%）
2（2）	汕优63/紫谷 ［Shanyou63（A）/Zigu（D）］	0.68l±0.10	0.12i±0.02	57.10
		0.67l±0.08	0.25hi±0.03	93.60
3（2）	汕优22/黄壳糯 ［Shanyou22（B）/Huangkenuo（C）］	0.68l±0.03	0.14hi±0.02	65.80
		2.04efg±0.18	0.85d±0.05	92.90
4（2）	汕优22/紫谷 ［Shanyou22（B）/Zigu（D）］	0.71l±0.05	0.18hi±0.02	56.10
		1.03jkl±0.12	0.31ghi±0.04	92.10
5（2）	汕优63/汕优22 ［Shanyou63（A）/Shanyou22（B）］	0.87kl±0.07	0.19hi±0.02	32.10
		1.03jkl±0.07	0.31ghi±0.03	24.30
6（2）	黄壳糯/紫谷 ［Huangkenuo（C）/Zigu（D）］	16.61b±1.01	10.78b±0.86	10.20
		12.30c±0.25	3.65c±0.59	7.50
7（3）	汕优63/汕优22/黄壳糯 ［Shanyou63（A）/Shanyou22（B）/Huangkenuo（C）］	0.63l±0.04	0.11i±0.01	60.70
		0.87kl±0.06	0.12i±0.02	70.70
		1.46hij±0.14	0.29ghi±0.03	97.50
8（3）	汕优63/汕优22/紫谷 ［Shanyou63（A）/Shanyou22（B）/Zgu（D）］	0.75l±0.04	0.18hi±0.02	35.70
		0.67l±0.05	0.24hi±0.02	41.50
		0.91kl±0.05	0.53defgh±0.06	86.50
9（3）	汕优63/黄壳糯/紫谷 ［Shanyou63（A）/Huangkenuo（C）/Zigu（D）］	0.56l±0.09	0.12i±0.01	57.10
		2.25e±0.32	0.76de±0.10	93.60
		1.66fghi±0.14	0.65defg±0.08	83.50
10（3）	汕优22/黄壳糯/紫谷 ［Shanyou22（B）/Huangkenuo（C）/Zigu（D）］	1.78efghi±0.07	0.34fghi±0.01	17.10
		2.16ef±0.18	0.81d±0.04	93.20
		2.08ef±0.15	0.73def±0.02	81.50
11（4）	汕优63/汕优22/黄壳糯/紫谷 ［Shanyou63（A）/Shanyou22（B）/Huangkenuo（C）/Zigu（D）］	0.57l±0.06	0.10i±0.01	64.20
		0.71l±0.03	0.21hi±0.03	48.70
		2.26e±0.15	0.76de±0.04	93.60
		2.18e±0.13	0.75de±0.02	81.00
12（1）	汕优63（Shanyou63）（A）	1.53ghij±0.06	0.28ghi±0.03	—
13（1）	汕优22（Shanyou22）（B）	2.0efg±0.12	0.41efghi±0.05	—
14（1）	黄壳糯（Huangkenuo）（C）	32.43a±1.94	12.01a±1.40	—
15（1）	紫谷（Zigu）（D）	9.42d±0.67	3.95c±0.14	—

石屏县 15 种处理的各个重复小区获得的产量数据分析结果表明（表 8 - 5），混合间栽对稻瘟病的控制作用，不仅大大减少了因稻瘟病引起的产量损失，而且优质地方稻在混合间栽群体中抗倒伏的能力明显增强。在单位面积内，混合间栽比净栽有显著的增产效果，特别是 1 个杂交稻和 1 个优质稻的混合间栽的组合比其他组合的增产效果更明显。从各混合间栽处理的产量结果看出，在相同单位面积中，各杂交稻与优质稻混合间栽的处理均有不同程度的增产效果。在汕优 63 或汕优 22 与黄壳糯或紫谷混合间栽的处理中，每公顷产量在 8576kg 至 8795kg 之间，比净栽的汕优 63 或汕优 22 增产 522.5kg 到 705kg，增产幅度在 6.5% 到 8.8% 之间。但遗传背景相同的品种混合间栽没有明显的增产效果，在汕优 63 和汕优 22 混合间栽的处理中，每公顷 8022.5kg，与对照的平均产量相比减产42.5kg，黄壳糯与紫谷混合间栽的处理，每公顷产量为 3030kg，比对照的平均产量增产 120kg。

表 8 - 5　云南石屏县不同品种多样性搭配的 15 个处理的平均田间产量结果

处理编号（品种数）	品种组合	单产（kg/ha）	总产（kg/ha）	产量净增（kg/ha）	增幅（%）
1（2）	汕优 63/黄壳糯 [Shanyou63（A）/Huangkenuo（C）]	8075.0 720.0	8795.0a	690.0	8.5
2（2）	汕优 63/紫谷 [Shanyou63（A）/Zigu（D）]	7980.0 685.0	8665.0ab	560.0	6.9
3（2）	汕优 22/黄壳糯 [Shanyou22（B）/Huangkenuo（C）]	7995.0 735.0	8730.0ab	705.0	8.8
4（2）	汕优 22/紫谷 [Shanyou22（B）/Zigu（D）]	7950.0 626.0	8576.0c	551.0	6.9
5（2）	汕优 63/汕优 22 [Shanyou63（A）/Shanyou22（B）]	4062.5 3960.0	8022.5d	-42.5	-0.5
6（2）	黄壳糯/紫谷 [Huangkenuo（C）/Zigu（D）]	1597.5 1432.5	3030.0e	120.0	4.1
7（3）	汕优 63/汕优 63/汕优 22/黄壳糯 [Shanyou63（A）/Shanyou22（B）/Huangkenuo（C）]	4012.5 3885.0 735.0	8632.5bc	567.5	7.0
8（3）	汕优 63/汕优 22/紫谷 [Shanyou63（A）/Shanyou22（B）/Zigu（D）]	3982.5 4036.0 615.0	8633.5bc	568.5	7.0

续　表

处理编号 （品种数）	品种组合	单产 （kg/ha）	总产 （kg/ha）	产量净增 （kg/ha）	增幅 （%）
9（3）	汕优63/黄壳糯/紫谷 [Shanyou63（A）/Huangkenuo（C）/ Zigu（D）]	8005.0 363.7 307.5	8676.2bc	571.2	7.0
10（3）	汕优22/黄壳糯/紫谷 [Shanyou22（B）/Huangkenuo（C）/ Zigu（D）]	7935.0 375.0 300.0	8610.0c	585.0	7.3
11（4）	汕优63/汕优22/黄壳糯/紫谷 [Shanyou63（A）/Shanyou22（B）/ Huangkenuo（C）/Zigu（D）]	3960.0 3975.0 352.5 300.0	8587.5c	522.5	6.5
12（1）	汕优63（Shanyou63）（A）	8105.0	8105.0d	—	—
13（1）	汕优22（Shanyou22）（B）	8025.0	8025.0d	—	—
14（1）	黄壳糯（Huangkenuo）（C）	3075.0	3075.0e	—	—
15（1）	紫谷（Zigu）（D）	2745.0	2745.0f	—	—

本研究的试验结果表明，水稻品种多样性混合间栽对稻瘟病有极为显著的控制效果，达到或超出了笔者预先设计的期望值。尤其突出的是当感病的优质地方水稻品种与杂交稻品种混合间栽后，该感病品种的稻瘟病发病率和病情指数均显著下降，防治效果在81.1%～98.6%之间。杂交稻汕优品种混合间栽后，对稻瘟病亦有一定的控制效果，防治效果在20%～72%之间。特别是1个杂交稻和1个优质稻混合间栽的组合比其他多个品种组合的防病效果更明显。相关实验还表明，混合间栽的农田中农药的施用量减少了60%以上，对改善稻田生态系统有积极的意义。这种利用遗传背景不同的水稻品种进行混合间栽的生产模式是目前国内外应用生物多样性持续防治稻瘟病的重大创新。

该技术简单易行，效果直观，经济效益高，每亩除增加1～2个工时外，没有任何额外投入。其效益不仅可减少农药使用量，降低生产成本，保护生态环境，而且避免了因稻瘟病和倒伏所引起的产量损失。同时混合间栽的稻田每亩多生产40～70kg优质米，农民每公顷增收1500元左右，投入与产出比在1:6以上。实验表明，一个杂交稻和一个优质稻混合间栽的合理组合有极佳的防治稻瘟病和增产的效果，值得提倡。但品种多样性种植对病害的控制效果与品种遗传差异和间作模式的选择有显著的相关性。

（1）水稻品种间遗传差异对病害的防治效果。

水稻不同品种多样性间栽对稻瘟病的控制效果与品种间的抗性差异和株高等农艺性状差异有关。云南农业大学选用两个杂交稻品种（汕优63和汕优22）和两个优质糯稻地方品种（黄壳糯和紫谷）进行品种多样性控制稻瘟病田间小区试验。经抗性基因指纹分析（Resistance gene analogue，RGA），两个杂交稻品种间抗性基因指纹相似系数为86%；两个杂交稻品种与紫谷的相似系数为65%，与黄壳糯的相似系数仅为45%。经温室人工接种进行抗性测定，30个稻瘟病菌株对两个优质糯稻地方品种的毒力频率为86.2%，对两个杂交稻品种的毒力频率为13.8%。根据品种的遗传背景、农艺性状和经济性状，以及对稻瘟病抗性的差异，设置了15种不同的处理，以杂交稻（汕优63和汕优22）为主栽品种，优质地方糯稻（黄壳糯和紫谷）为间栽品种，在杂交稻常规条栽方式的基础上，每隔4行间栽一行糯稻。结果表明（表8-6），杂交稻和地方优质稻混栽稻瘟病的发病率显著降低，净栽黄壳糯的稻瘟病平均发病率为32.43%，病情指数为0.12；而混栽黄壳糯（与杂交稻）的稻瘟病平均发病率仅为1.80%，病情指数仅为0.0055，与净栽相比平均防效为95.35%。另一优质地方品种紫谷净栽的稻瘟病平均发病率为9.23%，病情指数为0.0395；该品种混栽的稻瘟病平均发病率仅为1.43%，病情指数为0.005，与净栽相比平均防效为87.3%。两个杂交稻品种混栽以及两个地方优质品种混栽对稻瘟病没有明显控制效果。杂交稻与糯稻混栽具有较明显的增产效果，汕优63（或汕优22）与黄壳糯（或紫谷）混栽，每公顷总产量（主栽品种和间栽品种产量之和）在8576kg至8795kg之间，比净栽汕优63（或汕优22）增产522.5kg至705kg，增产幅度在6.5%至8.7%之间，而遗传背景相似品种的混栽没有明显的增产效果。杂交稻与糯稻混栽具有明显增产作用的主要原因是减少了因稻瘟病和倒伏引起的产量损失（朱有勇，2004）。

表8-6 不同水稻品种搭配对稻瘟病的控制效果

品种搭配		RGA	高差（cm）	抗性	防效（%）
A	汕优63	0.45	-38	R	64.2
	黄壳糯	0.45	+38	S	97.4

续　表

品种搭配		RGA	高差（cm）	抗性	防效（%）
B	汕优22	0.36	−32	R	56.1
	紫糯	0.36	+32	S	92.1
C	汕优63	0.86	+3.7	R	2.1
	汕优22	0.86	−3.7	R	4.3
D	黄壳糯	0.11	+6.2	S	10.2
	紫糯	0.11	−6.2	S	7.5
E	合系41	0.05	−2.1	R	6.5
	8126	0.12	+2.1	S	38.4
F	合系39	0.18	−35	MS	38.5
	阿泸糯	0.18	+35	MS	68.7

注：抗性基因同源序列（Resistance gene analogue，RGA）

（2）水稻品种间栽模式对病害的防治效果。

水稻品种间栽模式也是影响稻瘟病控制效果的重要因素之一。房辉（2004）研究表明（表8−7），净栽黄壳糯、黄壳糯与汕优63按1∶1、1∶2、1∶3、1∶4、1∶5、1∶6、1∶8、1∶10间作和净栽汕优63等处理对稻瘟病的防治效果不同。混合间栽处理中随着杂交稻群体比例的增加，传统品种黄壳糯的叶瘟发病率和病情指数、穗颈瘟发病率和病情指数逐渐下降。行比为1∶6时，叶瘟和穗颈瘟相对防治效果均达100%。黄壳糯叶瘟和穗颈瘟的增长速率也随着群体比例的增加而变慢。不同的种植比例对现代品种稻瘟病的控制也有明显的效果，当行比为1∶4～1∶6时能有效控制杂交稻稻瘟病的发生。

表8−7　不同间栽模式下黄壳糯稻瘟病发生情况及相对防效

间栽模式	叶瘟			穗瘟		
（黄壳糯∶汕优63）	发病率（%）	病情指数	防效（%）	发病率（%）	病情指数	防效（%）
1∶0	50	41	—	61	53.5	—
1∶1	32	23	43.9	32	19.6	63.3
1∶2	27	17	58.5	18	13.7	74.4
1∶3	12	8.5	79.3	11	7.7	85.6
1∶4	2.2	1	97.6	1.1	0.7	98.8

续　表

间栽模式	叶瘟			穗瘟		
（黄壳糯∶汕优63）	发病率(%)	病情指数	防效(%)	发病率(%)	病情指数	防效(%)
1∶5	1.9	0.9	97.8	0	0	100
1∶6	0	0	100	0	0	100
1∶8	4.8	4.1	90.0	5.8	4.3	91.9
1∶10	2.7	1.8	95.6	6.1	2.7	94.9

（3）水稻多样性种植规模与病害的防治效果。

由于利用水稻品种多样性混栽控制稻瘟病技术简单易行，具有明显的防治稻瘟病效果和增产效果，很快为广大农民所接受，并得到了政府部门的重视。从1998年开始，在云南、四川、湖南、江西、贵州等省示范推广（Zhu et al.，2000b）。云南省1998至2003年的试验结果表明，混栽传统品种的发病率比净栽平均降低了71.96%；病情指数平均降低了75.39%。混栽现代品种的发病率比净栽平均降低了32.42%；病情指数平均降低了48.24%。

四川省2001至2003年选择了沱江糯1号、竹丫谷、宜糯931、高秆大洒谷、辐优101、黄壳糯等糯稻品种与II优7号、D优527、宜香优1577、岗优3551、川香优2号、II优838等杂交稻品种进行搭配组合，净栽糯稻的发病率为13.5%～86.1%，平均为29.94%，病情指数为7.4～36.8，平均14.3。而杂糯间栽的糯稻品种发病率仅为4.3%～53.6%，平均14.7%，病情指数为0.05～28.6，平均为5.31，糯稻实行杂糯间栽比糯稻净栽发病率降低50.9%，病情指数降低62.87%。杂交稻净栽的发病率为7.5%～54.6%，平均为13.6%，病情指数为3.26～36.5，平均为6.91。而杂糯间栽中的杂交稻发病率为4.63%～41.30%，平均为10.52%，病情指数为1.43～18.6，平均为4.65，杂交稻实行杂糯间栽比杂交稻净栽发病率降低22.65%，病情指数降低32.71%。净栽杂交稻每亩产量为462～599千克，平均为528.2千克；净栽糯稻每亩产量为262～480千克，平均343.2千克；杂糯间栽田块中每亩实收杂交稻为447～579千克，平均为518.9千克，实收糯稻为20～60千克，平均为44.9千克。间栽每亩产量为糯稻及杂交稻产量之和，共计为499～640千克，平均为563.8千克，间栽比净栽杂交稻每亩平均增产35.6千克，增产幅度为6.74%，间栽比净栽糯稻每亩平均增产220.6千克，增产幅度为64.2%（朱有勇，2004）。

湖南农业大学刘二明等在对两个主栽品种威优 64（V64）、威优 647（V647）（生产上推广的当家杂交稻组合）和两个间栽品种水晶米（SJM）、紫稻（ZD）（优质感瘟）进行抗性基因同源序列（Resistance gene analogue，RGA）遗传背景研究的基础上，配制 4 个混合间栽组合。在烟溪（山区）进行小区试验和示范比较，发现不同品种混合间栽后，间栽区各品种的平均病叶面积率比净栽区降低 2.7% ~ 4.1%；穗瘟相对防治效果达 36.88% ~ 55.10%；混合间栽的主栽品种与净栽的主栽品种相比，叶瘟和穗瘟的病情严重度差异不大。混合间栽品种的单位面积产量比净栽区有不同程度的提高，小区试验的增产幅度为 8.9% ~ 14.9%。结果表明，选择抗瘟性遗传背景差异大、株高差异突出的品种，以 1 行优质稻、5 行主栽稻混合间栽，最能起到控病增产的作用。

随着推广区域和品种组合数量的不断扩大，生态环境和品种抗性的差异越来越大，加之各年度间气候差异，使得不同地区、不同年份、不同品种组合控制稻瘟病的效果有所差异，但混栽与净栽相比控制稻瘟病的效果均基本一致，说明该技术具有普遍的适用性。

利用水稻品种多样性控制稻瘟病的成功，引起了国际植物病理学界的浓厚兴趣，印度尼西亚、菲律宾、越南、泰国等一些国家，根据自己的实际情况引入我国的品种多样性种植技术，开展了利用遗传多样性控制水稻病害的应用研究。

（二）混合种子种植对病害的控制效应

混合品种或称品种混合，是指将抗病性不同的品种种子混合而形成的群体。种植混合品种是一种提高作物遗传多样性的简单方法，具有减轻病害、稳定产量、各品种优势互补等特点。混合品种稳定病原菌群体的作用与多系品种相同，但比多系品种易于实施。

在长期的农业生产实践中，农业技术工作者和农民自觉或不自觉地利用多样性来减轻农作物病害的危害，在全球许多地区，农民就有混种不同品种来减轻病虫危害，提高作物产量的情况。早在 1872 年，达尔文就观察到小麦混种比种植单一品种病害少、产量高。国内外在利用品种混合种植防治病害方面进行了大量研究。20 世纪 80 年代，民主德国运用大麦品种混合种植成功地在全国范围内控制了大麦白粉病的发生；丹麦、波兰在大麦上也做了类似的研究，并获得了同样的结果；加拿大进行了大麦和燕麦混种的研究，也获得了对白粉病的控制效果；美国俄亥俄州进行了十余年利用小麦品种混合种植控制锈病的研究，完成了数十个小区试验，获得了较好的防治效果（Mundt，1994）；1965—1976 年间，小麦条锈病在我国黄河中下游广大麦区没有流行，与这一期间各地区，特别是在陇南、陇东种植了许多抗源不同的品种，限制了新小种的产生与发展有很大的关系（李振岐，1998）。通过病原菌进化模型研究，Winterer 等（1994）提出与基因累加和品种轮换相比较，多品种混栽具有最佳的防病效果。在多品种混栽或多系品种种植的田块中，没有复杂小种和超级小种的产生（Chin et al.，1982）。在亚洲和非洲，如印度尼西亚、马达加斯加和日本，水稻品种混栽已经被广泛应用在传统品种的栽培上（Bonman et al.，1986）。实践表明，品种多样性混合种植对病害的防治效果与病原菌特性、混合品种的选择及搭配等因素有关。

1. 混合种子种植对不同病害的防治效果

品种多样性混合种植对不同病害具有不同的防治效果。研究表明，小麦品种混合种植的防病效果在不同的病害系统中是不同的（表 8 – 8）。

对于小种专化性的病原物，混合群体中的病害数量低于组分净栽时病害数量的平均数。例如对于小麦白粉病（*Erysiphe graminis* f. sp. *tritici*），品种混合减少病害 26% ~ 63%（Gieffers & Hesselbach，1988；Brophy & Mundt，1991）；对小麦条锈病（*Puccinia striiformis* f. sp. *tritici*），利用种内遗传多样性可减少病害数量 17% ~ 53%（Akanda & Mundt，1996；Finckh & Mundt，1992）。杨昌寿、孙茂林（1989）在小麦条锈病（*P. striiformis* f. sp. *tritici*）和曹克强、曾士迈（1991）在叶锈病（*P. recondita* f. sp. *tritici*）和白粉病（*E. graminis* f. sp. *tritici*）上的研究也证明，利用品种混合群体的抗病性可有效防治这一类专化病性原物引起的病害。

对于非小种专化的病原物，有关的研究报道存在着相互矛盾的地方。与组分净栽时病害数量的平均数相比，小麦混合群体中的病害数量或高或低，有时非常接近。Jeger 等（1981b）在防治由 *Septoria nodorum* 引起的病害和 Sharma & Dubin（1996）在防治 *Bipolaris sorokiniana* 引起的病害上都获得较高水平的正效应，小麦品种混合群体中的病害数量比组分净栽的平均值减少约 40%。然而，对于土壤传播的 *Cephalosporium gramineum* 引起的病害，小麦混合群体中的白穗率比组分净栽时白穗率的平均数增加了 20%，表现负效应（Mundt，2002b）。但是，从已经报导的几个例子来看，获得正效应的趋势还是存在的。理论研究表明，对非小种专化性的病原物，如果混合组分在抗侵染和抗产孢上相对强度的大小并不互相颠倒的话，那么病害在品种混合群体中的数量要低于它在混合组分净栽时的平均数（Jeger et al.，1981a；Jeger，2000）。关于利用小麦品种混合来防治这一类病害的有效性，尽管有理论上的支持，但是为得到一般性的结论还需要更多的实验研究。

表 8-8　小麦品种混栽控病增产效应分析（与组分净栽的平均数比较）

病原物	病害减少（%）	产量增加（%）	资料来源
Erysiphe graminis tritici	26	4	Gieffers & Hesselbach（1988）*
E. g. tritici	59	4	Stuke & Fehrmann（1988）*
E. g. tritici	63	—	Brophy & Mundt（1991）*
E. g. tritici	35	3	Manthey & Fehrmann（1993）*
Puccinia recondita tritici	32	4	Mahmood et al（1991）*
P. r. tritici	45	—	Dubin & Wolfe（1994）
P. striiformis tritici	53	10	Finckh & Mundt（1992）
P. s. tritici	37	—	Dileone & Mundt（1994）
P. s. tritici	52	6	Mundt et al（1995a）
P. s. tritici	17	—	Akanda & Mundt（1996）
B. sorokiniana	41	5	Sharma & Dubin（1996）
Septoria nodorum	38	—	Jeger et al（1981b）
Mycosphaerella graminicola	17	—	Mundt et al（1995b）**
Cephalosporium gramineum	-21	4	Mundt（2002b）
SBWMV***	37	—	Hariri et al（2001）

注：＊引自 Smithson & Lenne（1996）；＊＊引自 Conger & Mundt（2002a）；＊＊＊土传小麦花叶病毒。

2. 混合品种抗病性对病害防治效果的影响

品种多样性混合种植对病害的控制效果与选择品种对病害的抗感性及混合比例有关。Chin（1982）提出只要多系品种中含有66%的抗病品种，就能达到控制稻瘟病的效果；Koizumi（2001）认为多系品种中抗病品种所占比例达到75%就能达到与化学保护相同的防治效果。Van den Bosch 等（1990）用一个小种接种2个品种的随机混栽群体，发现病害发展速度和感病植株在群体中所占比例的对数呈线形关系，感病植株所占比例的对数越大，病害发展速度就越快。随后，Akanda & Mundt（1996）用3个小种的混合物接种2个品种的混合群体，其中每个品种对1个或2个小种呈感病反应，结果表明混合群体中每一个品种的病害严重度都随着该品种的比例的增加而增加，接近于线性关系。

3. 混合品种数目对病害防治效果的影响

品种多样性混合种植防治小麦条锈病（ *P . striiformis f. sp. tritici* ）的研究表明，混合品种的数目也影响防效。陈企村等（2008）于2003—2005年在田间自然发病条件下比较了繁19、引11－12、川麦107、靖麦10号、青春55、46548－3和安96－8这7个小麦品种单种，及在感病品种繁19的基础上依次加入上述其余6个品种分别形成组分为2～7的小麦品种混种群体后条锈病的发生程度。结果表明，不同小麦品种混种的条锈病病情指数与其组分单种病情指数的平均数相比，平均减少57.7%，减少幅度为37.2%～72.2%。小麦品种混种群体的条锈病病害防治效应有随组分数目的增加而提高的趋势。Mundt（1994）发现，当组分从2个增加到4个时，混合防病效应依次增大，但组分数目增加到5个时，混合效应不但不继续增加，而且略有下降。中国农业科学院植物保护研究所小麦混播对条锈病的防治效果的研究也表明，混播群体中条锈病的病情和流行速率低于其抗感品种的平均值，特别是2～4个小麦品种混合效果更明显，而当组分数目增加到5个时，混合效应不再继续增加。另外，适度的种植密度可以获得理想的效果，密植和稀植都不利于最大限度地发挥品种混合防病的潜力（Garrett & Mundt，2000b）。

综上所述，品种混合种植可以有效降低病害的危害，在生产上成功应用的实例很多。其减轻病害的原因主要有稀释作用、屏障作用和产生诱导抗病性等。稀释作用是指抗病植株的存在是感病植株之间的距离加大，病原菌产生的孢子被稀释，大量着落在抗病植株上的孢子不能成功侵染和产生下一代孢子，有效接种体减少。群体中的抗病植株还成为孢子扩散的物理屏障，阻滞了孢子分散传播。病原菌无毒小种孢子降落在抗病品种植株上，激发诱导抗病性，从而降低了毒性小种侵染和群体发病水平。使用混合品种有效抑制了病原菌优势小种的产生，延长了品种抗病性的持久度。但用于混合的品种除了抗病性以外还应具有优良农艺性状，且表型特定诸如成熟期、株高、品质、子粒性状等相似。所以在选择品种组合时，不但要满足对病害抗性的基本要求，而且要充分考虑组分在农艺性状方面的搭配问题。

（三）品种多样性区域布局对病害的控制效应

抗病品种或抗病基因的合理布局，包括时间上的轮流使用和空间上的合理分配，都是企图人为地抑制定向选择，启动"稳定"选择。不同品种的合理布局是空间上利用遗传多样性的种植模式，即在同一地区合理布局多个品种，从空间上增加遗传多样性，减小对病原菌的选择性压力，降低病害流行的可能。现有实践主要是更换已经失效或即将失效的抗病品种，打断定向选择，或者降低定向选择效率。尤其对大区流行病害，抗病基因合理布局的作用更明显。有计划地轮换使用抗病品种或抗病基因，除少数病害已有措施外，多数尚待落实。西欧依据严格的小种动态监测，及时轮换使用抗病基因不同的抗病品种，成功地防止了莴苣霜霉病。我国在利用品种多样性合理布局控制小麦和水稻病害方面也取得了显著的成效。

1. 小麦抗病品种多样性合理布局对锈病和白粉病的防治

小麦条锈病菌有越夏区、秋苗发病区、越冬区以及春季流行区，每年都有大范围菌源转移。在这几类流行区域之间，合理分配使用抗源，实现抗病基因和抗病品种的合理布局，就可以切断毒性小种的传播和积累，消除抗病品种失效的现象。即使短期内做不到抗病基因合理布局，只要不在越夏区与非越夏区大面积栽培抗病基因雷同的品种，就能有效延长抗病品种的使用年限。北美洲曾经通过在燕麦冠锈病流行区系的不同关键地区种植具有不同抗病基因的品种，从而成功地控制了该病的流行；我国在 20 世纪 60、70 年代用此法在西北、华北地区控制了小麦条锈病的流行和传播（李振岐，1995）。

品种轮换也是控制小麦锈病的有效措施。从 20 世纪 50 年代开始，我国小麦抗病品种先后经历了 6 次大面积轮换：第一次在 1957—1963 年，以碧码 1 号品种为代表；第二次在 1960—1964 年，以玉皮和甘肃 96 号品种为代表；第三次在 1961—1964 年，以南大 2419 品种为代表；第四次在 1972—1975 年，以北京 8 号和阿勃（Abandanza）品种为代表；第五次在 1976—1985 年，以丰产 3 号、泰山 1 号和阿夫为代表；第六次在 1986—1992 年，以洛夫林 10 号和洛夫林 13 号品种为代表。每一次的品种轮换都对小麦条锈病起到了很好的控制作用（李振岐，1998）。

我国各地小麦白粉病的初侵染源比较复杂，除当地菌源外，还有大量外来菌源。云南、贵州、四川诸省的白粉病菌可随气流向长江中下游传播，经繁殖扩大后，再向黄淮海麦区传播，并可跨越渤海湾，扩散到东北春麦区。有人设想在湖北省和山东省种植具有不同抗病基因的品种，形成阻隔带，或者在各不同麦区种植抗病基因不同的品种，阻断白粉病菌的远距离传播。长江中下游麦区和黄淮海麦区是连片的平原麦区，如果在陇海铁路两侧种植具有特定抗病基因的品种，建成隔离带，或者分别在华北麦区和江淮麦区种植不同抗病品种，应都能隔断南菌北传。另外，在小麦白粉病越夏区与其周围非越夏区布局不同抗病基因的品种，也是值得探讨的方案。

2. 水稻抗病品种多样性合理布局对稻瘟病的防治

品种轮换种植对水稻稻瘟病具有显著的控制效果。水稻抗病品种轮换种植是在时间上利用抗病基因多样性的方法，即当一个品种的抗性丧失之后，利用携带不同抗病基因的新抗病品种替换旧品种。通过品种轮换控制稻瘟病的研究较多，1994 年云南省泸西县开始大面积种植楚粳 12，4 年后稻瘟病菌生理小种 ZE1 成为优势小种，该品种丧失抗性。1999 年用另一新品种合系 41（抗 ZE1 生理小种）连片更换了 803.6 公顷的楚粳 12，当年该县稻瘟病控制效果达到了 83.2%（王云月等，1998）。1979—1980 年韩国对单基因轮换的方法进行了改进，采用同时携带两个不同抗病基因的品种进行轮换，有效地控制了稻瘟病的流行。印度尼西亚利用不同季节和地点进行抗病品种轮换，成功地控制了水稻东格鲁病的昆虫介体——叶蝉的发生（Manwan et al. 1985）。该技术不仅能有效地控制多种水稻病害的流行，而且还能满足农民和消费者不断变化的需求。但该方法的推广是以新抗病品种的选育速度超过品种抗性丧失的速度，以及生理小种的准确预测为基础，另外，同时进行大面积品种更换操作难度很大，尤其是在我国以小农生产方式为主的稻区。

水稻不同抗病品种的合理布局是空间上利用抗病基因多样性的方法，即在同一地区合理布局多个品种，增加抗病基因的多样性，减小对病原菌的选择性压力，降低病害流行的可能。1998—2000 年云南农业大学在云南省石屏县宝秀镇进行了品种合理布局控制稻瘟病的试验，选用 7 个抗病性不同的品种，以各农户的承包田为单位，每户种植一个品种，将 7 个品种随机种植在 42 公顷的区域内。结果表明，该区域的稻瘟病平均发病率连续 3 年都控制在 4.78% 以内，获得了良好的防治效果（王云月等，1998）。

第二节　物种多样性构建的控病效应

物种多样性种植在农业生产上主要体现形式是间作或混作。间作是由两种或两种以上的作物在田间构成复合群体的多样性种植方式，是我国传统精耕细作的主要内容，是防病增产的主要措施。作物合理的种间间作具有高产稳产、有效利用土地资源、改良土壤肥力等特点，在发展中国家得到广泛应用。虽然在作物多样性控制病虫害功能方面的认识较晚，但农学家们已经开始意识到其潜在的作用和巨大的应用前景，这种控制病害的方法拥有方便、经济、稳定、环保、持久、无抗性问题等一系列的优点。

国内外关于多样性种植也有了一些应用，目前利用作物多样性种植控制病害的研究主要集中于作物多样性种植对叶部病害控制的研究。如利用马铃薯和玉米、甘蔗和玉米、大豆和玉米多样性种植，对田间玉米的大斑病、小斑病、锈病都取得了良好的防治效果，且提高了经济效益（Li et al.，2009）；利用蚕豆油菜多样性种植对蚕豆叶斑病、油菜白锈病有良好的抑制效果（杨进成，2004）。利用小麦、大麦和蚕豆多样性种植对于田间蚕豆赤斑病、小麦锈病、大麦锈病都有较好的防治效果（孙雁等，2004）。

作物多样性种植对根部病害也具有显著的防治效果。孙雁等研究表明利用不同模式辣椒玉米多样性间作对辣椒疫病的控制最高可以达到 70%（孙雁，2006）。玉米魔芋多样性间作对于魔芋软腐病也有一定的抑制效果（彭磊，2006）。Gomez - Rodriguez 等（2003）报道万寿菊与番茄间作后万寿菊释放的化感物质可降低番茄枯萎病病菌孢子萌发率。Ren 等（2008）研究表明，水稻和西瓜间作过程中水稻根系分泌物可以抑制西瓜枯萎病菌孢子萌发和菌丝生长。另外，生产上以葱属作物（蒜、葱、韭菜等）与其他作物间作对镰刀菌、丝核菌等土传病原菌引起的根腐病具有较好的防治效果（金扬秀等，2003；Nazir et al.，2002；Kassa et al.，2006；Zewde et al.，2007）。

一、物种多样性间作对病害的控制效果

生产上物种多样性间作主要采用高秆、矮秆作物及喜阴、向阳作物间作，间作的方式主要有行间作、条带间作等。实践表明，物种多样性间作模式中高秆作物的行距加大，通风透光好，可以有效减轻地上部分病害的发生危害，但对矮秆群体有负面影响，植株冠层平均风速、透光率降低，相对湿度和植株表面结露面积增加，叶部病害反而会加重。但对根部病害发生严重，叶部病害甚微的矮秆作物，利用与高秆作物间作的方式可以显著降低土传病害的发生危害。目前生产上应用较成功的例子是玉米和辣椒、玉米和魔芋、玉米和大豆、麦类和蚕豆等作物的多样性种植。

（一）玉米和辣椒多样性间作控病效果

辣椒和玉米是我国主要的经济和粮食作物，但在大面积净作过程中辣椒常受疫病和日灼危害造成产量损失，玉米常受大小斑病、灰斑病和锈病的危害。云南、四川、贵州、甘肃等省区，利用辣椒和玉米多样性间作可减轻辣椒疫病的危害，有效降低玉米大小斑病、锈病和灰斑病等叶部病害，同时由于高秆玉米的遮阴作用减轻了日灼的危害。

孙雁等（2006）开展了辣椒（5~10行）边行外各间作2行玉米的方法进行6种不同模式辣椒、玉米多样性种植控制辣椒疫病和玉米大斑病、小斑病的研究。研究表明：不同模式的辣椒、玉米间作对辣椒疫病和玉米大、小斑病的病害发生均有显著的控制效果（表8-9）。与单作相比，间作对辣椒疫病的防治效果随辣椒行数的减少由35.0%逐渐增加到69.6%；间作对玉米大、小斑病的控制效果随辣椒行数的增加由43.0%逐渐提高到69.3%。同时，辣椒玉米间作可显著提高单位土地面积的生产能力和经济效益。其中，5行辣椒间作2行玉米的复合产量和土地利用率最高，但经济效益相对较低；10行辣椒间作2行玉米的复合产量和土地利用率相对较低，但经济效益最高。与单作辣椒相比，辣椒玉米间作的总产值增加1683~2012元/公顷，增幅达10%~12%。证明利用辣椒玉米间作提高物种多样性、增强农田稳定性可达到有效控制辣椒疫病和玉米大、小斑病的目的。

表8-9　不同辣椒玉米间作对病害的控制效果

处理	辣椒疫病			玉米大小斑病		
	发病率（%）	病情指数（%）	防效（%）	发病率（%）	病情指数（%）	防效（%）
MC$_5$M	20.0b	4.7c	69.6	25.3b	6.9b	43.0
MC$_6$M	22.2b	6.3b	58.8	24.0bc	6.7b	45.1
MC$_7$M	23.3b	6.4b	58.6	21.3bc	5.3c	56.1
MC$_8$M	23.9b	6.6b	56.9	20.0bc	4.8bc	60.5
MC$_9$M	24.4b	8.7b	43.6	18.7c	4.3c	64.9
MC$_{10}$M	26.7ab	10.0b	35.0	18.2c	3.7c	69.3
C$_{10}$	33.3a	15.4a	—	—	—	—
M$_{10}$	—	—	—	34.7a	12.2a	—

注：M：玉米；C：辣椒。经Duncan's新复极差分析，具有相同字母的处理间差异不显著，P=0.05。

目前，辣椒玉米间作降低辣椒疫病和玉米大、小斑病的作用机理仍然不十分清楚。不同作物和作物病害以及土壤生物间存在许多方面的互作。例如，间作改变了亲和寄主的空间分布致使病害的传播和侵染受到影响（稀释效应）；不同作物在生长和成熟时期植株高度上的差异，形成间作田块中高低起伏的表面不利于病害发生（阻挡效应）；间作土壤中有益微生物和原生动物的增加对有害病菌的抑制（拮抗或捕食作用）。不同作物间作所形成的微气候环境（相对湿度、温度和露珠形成等）也可能对病菌的侵染产生影响；非寄主病菌孢子产生的诱导抗性也可能是病害减轻的一个原因，作物间根际分泌物同样也可能诱发植株对病害侵染产生寄主抗性。上述因素在多样性间作控制病害方面的作用有待进一步研究。

（二）玉米和魔芋多样性间作控病效果

魔芋与玉米多样性种植可有效控制病害发生。魔芋与玉米间栽是控制魔芋软腐病的有效措施之一，它可直接增加地上部分物种多样性，有效改善栽培环境的生态功能，也间接增加地下部分土壤微生物多样性。玉米魔芋从 1∶1 至 10∶1 进行行间作，魔芋软腐病的平均发病率较单作魔芋降低 11.50% ~ 29.27%，控制效果高达 35.88% ~ 91.30%。同时研究分别进行了净种玉米、净种魔芋及 2 行玉米套种 1 行魔芋，4 行玉米套种 2 行魔芋等不同行比的种植方式控制魔芋软腐病和玉米大、小斑病的同田对比试验。试验结果表明，所有玉米与魔芋套种试验处理的魔芋软腐病均比净种魔芋处理发病轻，防效达 12.8% ~ 62.1%。与净栽玉米相比，对玉米大、小斑病的防治效果为 15.3% ~ 72.8%。田间对比试验结果表明，玉米与魔芋多样性优化种植对病害有明显的控制作用。

目前研究认为，多样性种植控制魔芋软腐病的主要机制可能是：（1）物理稀释和阻隔效应：稀释效应表现在降低感病物种数量在单位空间上的密度，即增加魔芋与魔芋单株之间的距离，降低了感病组织的空间密度，病原传播的可能性降低，从而减轻发病几率；物理阻隔效应表现在魔芋、玉米合理搭配形成的植株群体互为病害蔓延的物理屏障，抗病物种将感病物种隔开，从而产生空间隔离效应，阻挡病原菌的传播，有效减少致病的初侵染源，条带套种对接触传播或雨水传播（魔芋软腐病）的病害阻隔传播效果明显。（2）气象因子：高秆玉米和矮秆魔芋间作，挡住了大部分的阳光，防止其直射土壤，降低了地温，使病原菌繁殖速度变慢，改变了魔芋软腐病发生的微气象条件。（3）养分因子：多样性种植可协调不同作物之间养分吸收的局限性，增加土壤中养分的有效性，提高土壤酶的活性，减少病害的发生。（4）生物因子：利用植物根系分泌物对土壤微生物的相生相克作用可减轻植物病害。增加植物多样性就能促进土壤微生物生长发育和活动，增加土壤有益微生物群落多样性、种群数量和活性，提高和稳定土壤微生物群落结构与功能，改善作物根系微生态系统平衡，减少病害发生。

（三）麦类和蚕豆多样性间作控病效果

麦类和蚕豆是南方主要的粮饲作物。麦类锈病和蚕豆赤斑病是麦类和蚕豆生产上主要的两种病害。净作条件下由叶锈病菌（*Puccinia hordei G. otth*）引起的麦类锈病常年造成产量损失 20% ~ 30%。蚕豆赤斑病（*Botrytis fabae Sard.*）常年损失为 10% ~ 20%，重发年份可达 40% 以上，流行年份造成的产量损失为 75%以上，严重时绝产。长期单一品种的大面积种植是导致麦类锈病、蚕豆赤斑病等各种病虫害大面积流行的重要因素，为了控制这些病虫害的发生，往往整个生产过程需使用农药 5 ~ 7 次，使脆弱的农田生态环境受到日益严重的污染和破坏。研究表明，利用生物多样性与生态平衡的原理，进行麦类作物和蚕豆多样性的优化布局和种植，增加农田的物种多样性和农田生态系统的稳定性，能有效地减轻作物病害的危害。

1. 小麦与蚕豆多样性间作对病害的控制效果

云南农业大学于 2001—2002 年开展了 1 ~ 10 行小麦与 1 ~ 2 行蚕豆不同行比间种控制小麦锈病的研究。结果表明，小麦和蚕豆的间作模式对小麦锈病具有显著的防治效果，尤其蚕豆与小麦行比 1:5 ~ 1:8 对锈病的防治效果达 40% 以上。根据控病增产的效应及农事操作的便利性，筛选出了控病增产效应最高的行比模式：4 ~ 7 行小麦间作 1 ~ 2 行蚕豆，小麦和蚕豆的植株群体比例为 8 ~ 12:1。杨进成等（2004）于 2002—2007 年在云南省玉溪市进行小麦和蚕豆的间作比例为7:2 间作与单作同田对比实验。结果表明，不同年份和各组实验小麦蚕豆间作比单作对主要病虫害都有不同程度的持续控制效果。间作对小麦锈病、小麦白粉病、蚕豆赤斑病的控制效果分别为 30.40% ~ 63.55%、25.60% ~ 49.36% 和31.51% ~ 45.68%，间作增加蚕豆单株叶面积 85.33 ~ 574.92cm²，增加蚕豆单株根瘤生物量 1.53 ~ 7.27g；增加小麦产量 0.28 ~ 0.63 吨/公顷，提高蚕豆产量2.14 ~ 5.72 吨/公顷，提高经济效益 22.46% ~ 34.25%。

因此，小麦与蚕豆间作不但对病害具有很好的控制效果，而且能很好地改善小麦和蚕豆的产量构成因素，增加了蚕豆叶片的光合效率和蚕豆持续固氮供氮能力，从而明显地提高增产和增收效益。

2. 大麦与蚕豆多样性间作对病害的控制效果

大麦与蚕豆合理的间作对大麦和蚕豆病害也具有明显的控制效果。7 行大麦和 2 行蚕豆间作对病害的控制效果研究表明，大麦叶锈病病情严重度降低 6.19% ~ 13.72%、防治效果达 20% ~ 39%；蚕豆赤斑病的病情严重度降低 27.16% ~ 34.44%、防治效果达 51% ~ 53%。从增产效果看，间作大麦的单位面积产量较单作大麦稍有降低，由于间作蚕豆不占额外的土地面积，与单作大麦相比，多收的部分实际上就是蚕豆的产量，而间作蚕豆的单株产量比单作蚕豆的产量高 1.84 ~ 1.86g。大麦/蚕豆间作较单作大麦增产 17.91% ~ 19.02%，较单作蚕豆增产 95.12% ~ 96.78%。土地当量比 LER = 1.31。表明大麦/蚕豆间作有利于彼此间作物的良好生长，间作蚕豆与单作对照相比，单株根瘤菌鲜重增加 45.53% ~ 55.20%。

从试验结果看，小麦（大麦）/蚕豆间作防病的主要原因可能有：（1）阻挡效应。小麦（大麦）、蚕豆的病害，分类不同，对寄主有专一性，不能互相转主寄生，因此，实行间作后作物间互为屏障，阻碍孢子的传播蔓延而减轻为害。由于蚕豆本身的植株比大麦和小麦植株高 30 ~ 50cm，因此蚕豆对病害的阻挡作用可能较为明显。（2）稀释效应。间作田块单位面积上感病植株的密度降低而减缓病害发展的进程。由于小种亲和寄主的菌原数量减少，导致初侵染菌量和再侵染菌量的稀释。（3）微生态效应。如大麦/蚕豆间作田块中间栽蚕豆品种大白豆明显高于主栽大麦品种切奎纳，使间栽品种植株上部的相对湿度降低，缩短了露珠在蚕豆植株、叶片上停留时间，从而减少适宜发病的条件。

（四）玉米和马铃薯多样性间作控病效果

马铃薯晚疫病、玉米叶斑病是马铃薯和玉米生产上的重要病害，也是迄今为止难以防治的重要病害。利用玉米和马铃薯多样性间作也是控制这类病害的有效方法。云南农业大学于 2001 年和 2002 年在云南省会泽县 3 个试验点进行了玉米与马铃薯不同行比间作控病试验（Li et al.，2009）。试验结果表明，玉米与马铃薯以不同行比间作与玉米大小斑病发病率、病情指数和防治效果存在相关性。不同种植模式的发病率、病情指数随着玉米种植密度的增大而增大，防效随着种植密度的减小而增大。如 2 行玉米 2 行马铃薯间作与 2 行玉米与 3 行马铃薯间作比较，随着玉米种植密度减少，发病率由 13.33% 降至 11.03%，病情指数由 4.14 降至 3.98，防效由 30.53% 增大至 33.00%。综合控病效果和产量情况，试验筛选出了玉米马铃薯行比 2 ~ 4:2 的种植模式用于生产。目前，云南省东北部的昭通、曲靖等地马铃薯和玉米均采用这种方式种植，既能减轻病害又能提高土地利用率。

但多年的田间观察表明，玉米和马铃薯间作对高秆玉米病害控制效果较好，但加重矮秆马铃薯晚疫病的发生危害。进一步用玉米马铃薯2套2的模式进行了气象因子深入研究表明（表8-10），玉米高矮株型配置立体群体与对照单一群体相比，高秆群体的平均风速提高35.16%，透光率增加26.51%，相对湿度降低8.88%，植株结露面积减少29.69%，病情指数降低51.05%。对矮秆马铃薯群体有负面影响，平均风速降低34.69%，透光率降低17.29%，相对湿度增加9.15%，植株表面结露面积增加10.79%，病情指数增加37.95%（He et al.，2010）。

表8-10　玉米和马铃薯多样性间作与净作群体中气象因子差异比较

作物		风速 （m/sc）	透光率 （%）	相对湿度 （%）	结露面积 （%）	病情指数 （%）
净作	玉米	1.28	55.33	75.23	71.42	10.8
	马铃薯	1.32	63.54	72.44	72.16	22.58
间作	玉米	1.73	81.85	66.35	41.73	7.15
	马铃薯	0.98	46.25	81.59	82.95	31.15

二、物种多样性错峰种植对病害的控制效应

物种多样性间作模式中高秆作物的行距加大，通风透光好，可以有效减轻地上部分病害的发生危害，但对矮秆群体有负面影响，植株冠层平均风速、透光率降低，相对湿度和植株表面结露面积增加，叶部病害反而会加重。针对这一问题，云南农业大学朱有勇教授团队针对中国西南山区作物病害发病高峰与降雨高峰重叠难以防治的难点，进行了种植结构调整，时间上将易感病作物提前或推后播种避开了降雨高峰，空间上进行间套种，将作物行距拉宽，株距缩小，通风透光减轻病害，降低作物病害的发生。通过时空优化作物与环境的配置，合理利用农业生态结构，适应最佳生态环境，实现优质高产高效。这些研究结果对作物病害的生态防治和增加粮食产量有重要的现实意义（Li et al.，2009；He et al.，2010）。

（一）马铃薯多样性错峰种植对病害控制效果

马铃薯晚疫病是迄今为止难以防治的重要病害。5至10月是我国西南地区马铃薯和玉米的常规种植季节，5月中旬播种10月收获。但是，该地区受季风气候影响，6月至10月为降雨季节，7、8、9月为降雨高峰期，降雨量占全年雨量的60%以上。8月田间马铃薯和玉米植株茂密，又值降雨高峰，连续阴雨日照低，适宜马铃薯晚疫病爆发流行。云南农业大学通过对降雨与晚疫病发生发展规律的研究，明确了西南山区降雨与晚疫病病害的高峰期重叠关系，尤其是7至9月连续降雨，田间空气相对湿度高是晚疫病发生流行的主要因素。针对目前农药防治和抗病品种等常规措施的局限，开展了马铃薯与玉米或甘蔗时空优化配置研究，提前或推后马铃薯播种，使马铃薯的主要生长时期避开7月至9月降雨高峰期，减轻晚疫病危害。试验证明在西南山区合理提前或推后马铃薯种植是减轻晚疫病危害的简单有效措施之一。

1. 马铃薯提前错峰种植控病效果

马铃薯晚疫病发生流行与雨水密切相关，马铃薯与其他作物多样性错峰种植是在间作体系中，其他作物的播期不变，将马铃薯提前至3月上旬播种，7月上旬收获，避开7~9月降雨高峰。提前错峰种植可以有效地避开雨水集中季节，减少病害的危害，同时可以提高土地利用率，增加粮食产量。目前在云南省主要的提前错峰种植方式有马铃薯与玉米错峰种植、马铃薯与甘蔗错峰种植等模式。

马铃薯与玉米错峰种植控制马铃薯晚疫病。2006年和2007年在宣威与农民合作，进行了玉米与马铃薯时空优化套种增产粮食和控制病害的大田试验。选用的马铃薯品种是会－2号，试验区4月2日播种，7月15日收获；对照小区5月20日播种（当地常规播种期），9月2日收获。玉米品种为会单－4号，处理和对照均在5月20日播种，9月15日收获。两年试验结果表明（表8－11），间作马铃薯产量分别是对照的57.91%和59.96%，玉米产量分别是对照的73.36%和73.49%；间作总产量比对照分别增加31.27%和33.45%；土地利用率提高至1.31和1.33。间作增产原因，一方面是作物高矮种植增强了田间植株群体通风透光，利于作物生长。另一方面，马铃薯提前播种和收获，避开了7月和8月云南降雨多的晚疫病发病高峰期，降低了晚疫病的损失。试验结果表明，与生长期落入雨季的正常播种相比，马铃薯品种会－2提前种植的晚疫病平均降低病情指数分别为55.2%和44.7%；合作88平均降低病情指数分别为51.2%和48.4%。马铃薯收获后，套种玉米行距空间宽，减少湿度和植株表面露珠，降低发病，病害调查表明，2006年和2007年与马铃薯套种的玉米品种会单－4号的大斑病平均降低病情指数分别为19.1%和21.1%；小斑病两年分别降低25%和40%。由于增产和控病效果明显，该模式已成为当地种植玉米和马铃薯的主要方法，约70%的农民采用该模式生产。

表 8 - 11　马铃薯提前错峰种植系统中玉米和马铃薯病害发生情况

| 年份 | 处理 | 马铃薯晚疫病 | | | | 会单 - 4 号 | | | |
| | | 会 - 2 | | 合作 88 | | 大斑病 | | 小斑病 | |
		发病率（%）	病情指数	发病率（%）	病情指数	发病率（%）	病情指数	发病率（%）	病情指数
2006	提前间作	28.3	1.7	27.8	1.9	27.5	1.7	9.5	0.3
	正常净作	64.2	3.8	67.5	3.9	33.7	2.1	11.2	0.4
2007	提前间作	35.2	1.8	33.7	1.7	25.8	1.5	8.3	0.3
	正常净作	55.4	3.5	60.1	3.3	28.4	1.9	12.5	0.5

　　马铃薯与甘蔗错峰种植控制马铃薯晚疫病。云南和广西每年种植甘蔗 200 余万公顷。甘蔗生育期长，每年 1 月前后种植，12 月前后收获。甘蔗前期生长缓慢，5 月份之前还未封行。根据甘蔗生长前期植株矮小蔗田空面大，行间有充足的空间进行作物间作，且蔗区光热条件充足的资源的特点，每年的 1 月份播种马铃薯，4 月份即可收获。这种种植方式既可以提高土地利用率，又可以使马铃薯生产有效地避开 7 ~ 9 月雨季发病高峰，减少病害损失。

　　2. 马铃薯推后错峰种植控病效果

　　马铃薯推后错峰种植是利用一些作物生育期短且种植区域无霜期短的特点，在这些作物生长的中后期（7 月上旬）套种马铃薯，利用 8 ~ 11 月充足的光温水资源进行马铃薯生产，同时可以避开 7 ~ 9 月雨季病害高发季节的危害。9 月降雨高峰过后，马铃薯现蕾开花，晚疫病发生流行期躲过降雨高峰，推后种植与对照相比避开阴雨降雨日 47%，避雨避病效果显著。

　　2007 年和 2008 年在云南省陆良县和宣威市进行的推后节令避雨避病的试验。试验结果表明，2007 年和 2008 年马铃薯品种会 - 2 推后种植平均降低病情指数分别为 36.8% 和 40.6%（表 8 - 12）；合作 88 平均降低病情指数分别为 42.4% 和 35.5%。2006 年和 2007 年马铃薯套种玉米品种宣黄单的大斑病平均降低病情指数分别为 13.3% 和 5.8%；小斑病两年分别降低 0% 和 25%，马铃薯推后种植产生了避雨避病的良好效果。上述同田小区进行了产量测定，测定结果表明，对照净种马铃薯两年平均产量为 21.62 吨/公顷，提前种植马铃薯产量为 17.01 吨/

公顷，是净种马铃薯产量的78.68%；对照净种玉米平均产量为10.31吨/公顷，处理套种玉米平均产量为10.10吨/公顷，是净种玉米产量的97.96%；处理小区马铃薯和玉米与对照相比的综合产量增产。试验结果表明推后马铃薯种植，玉米产量无显著影响，而马铃薯产量为单位面积上多增加的产量。

表8-12　马铃薯推后错峰种植系统中玉米和马铃薯病害发生情况

年份	处理	马铃薯晚疫病				宣黄单			
		会-2		合作88		大斑病		小斑病	
		发病率（%）	病情指数	发病率（%）	病情指数	发病率（%）	病情指数	发病率（%）	病情指数
2007	推后间作	37.1	0.24	27	0.19	25.8	0.13	9.1	0.03
	正常净作	61.2	0.38	67.5	0.33	24.7	0.15	9.2	0.03
2008	推后间作	34.5	0.19	35.8	0.2	25.8	0.16	8.3	0.03
	正常净作	53.3	0.32	51.5	0.31	28.4	0.17	9.5	0.04

（二）玉米多样性错峰种植对病害的控制效应

1. 玉米提前错峰种植控病效果

云南省每年种植甘蔗30余万公顷，甘蔗生育期为1年。根据甘蔗生长前期植株矮小蔗田空面大，蔗区光热条件充足的特点，2005年在弥勒县，2006年在弥勒县、石屏县和永德县与农民合作分别进行了80公顷和3582公顷甘蔗前期套种植玉米试验。选用的甘蔗品种新台糖2号，1月5日插栽，12月25日收获；玉米品种旬单7号，套种区玉米2月20日播种，6月30日收获；净种甘蔗对照区插栽时间同前，净种玉米对照区5月15日播种，9月25日收获。两年试验结果表明，套种玉米与净栽甘蔗对照的甘蔗产量无差异，而处理平均分别增产玉米4.77吨/公顷和4.72吨/公顷，分别是净种玉米对照产量的64.02%和63.18%，土地利用率为1.63和1.64。套种与净种的甘蔗黄斑病病指无差异，而套种的玉米大斑病比对照净种分别下降55.89%和49.60%，这可能是套种玉米生长期降雨少，对照生长期降雨多所致。

2. 玉米推后错峰种植控病效果

云南省是中国烟草主产区，每年种植烟草40余万公顷，长期形成了夏季种植烟草，冬季种植麦类、油菜、蚕豆等作物的一年两熟种植习惯。根据烟草后期至小麦播种前农田空闲期的热量、雨量和光照的统计分析，2005年在弥勒县烟草后期试种玉米成功。2006年在该县虹溪乡与本地农民合作进行325公顷试验，2007年在弥勒县和楚雄县6个乡进行了4162公顷大面积试验。试验选用的烟草品种云烟-87，4月下旬日移栽烟草秧苗，6月中旬开始采收烟叶，8月上旬烟草采收完毕。玉米品种会单-4，7月中旬播种于烟草田块（烟草采收后期），11月上旬收获玉米。净种烟草的对照田块移栽和收获时间相同，但不套种玉米；净种玉米对照田块按常规5月下旬播种，9月下旬收获。试验结果表明，处理和对照的烟草产量和质量无差异，而处理平均分别增产玉米为5.88吨/公顷和5.91吨/公顷，是对照净种玉米产量的84.72%和84.54%。烟草赤星病病指处理与对照无差异，处理的玉米大斑病则下降17%和19.72%。处理的土地利用率分别为1.84和1.83。

第三节　作物多样性轮作对病害的防治

轮作是指在同一块田地上，有顺序地轮换种植不同的作物或不同复种组合的种植方式。中国早在西汉时就实行休闲轮作。北魏《齐民要术》中有"谷田必须岁易""麻欲得良田，不用故墟"等记载，已经指出了作物轮作的必要性。长期以来中国旱地多采用以禾谷类为主或禾谷类作物、经济作物与豆类作物的轮换，或与绿肥作物的轮换，有的水稻田实行与旱作物轮换种植的水旱轮作。

轮作是从时间上利用生物多样性的种植模式，也是用地养地相结合的一种生物学措施。轮作可以改变农田生态条件，改善土壤理化特性，增加生物多样性，尤其非寄主植物的轮作可以免除和减少某些连作所特有的病虫草的危害。

一、轮作对作物病害的防治

作物长期连作，土壤中病原物逐年积累，会使病害逐年加重。连作条件下，栽培环境单一，尤其是保护地长期不变的适宜温湿度，前茬根系分泌物和植株残茬也为病原物提供了丰富的养分、寄主条件和良好的繁殖生长条件，使得病原物数量不断增加，拮抗菌不断减少，病害发生日益加重。可见，作物多样性匮乏是加重病虫害的重要因子。因此，合理地增加作物多样性，就能促进土壤微生物的生长发育和活动，增加土壤有益微生物群落多样性、种群数量和活性，提高和稳定土壤微生物群落结构与功能，改善作物根系微生态系统平衡，减少土传病害，有助于减轻连作障碍。

生产上非寄主植物的轮作，是增加农田生物多样性的有效方法之一，也是防治土传病害的有效措施。合理轮作换茬，因食物条件恶化和寄主的减少而使那些寄生性强、寄主植物种类单一及迁移能力弱的病原菌大量死亡，从而切断病害的侵染循环。另外，轮作不仅可以协调不同作物之间养分吸收的局限性，增加土壤中养分的有效性，还可以通过根系分泌的变化，减少自毒作用，改善根围微生物群落结构，增加根际有益微生物的种类和数量，从而抑制病原微生物的生长和繁殖（Kennedy & Smith，1995；Janvier et al.，2007）。近年的研究还表明，轮作作物根系分泌的抑菌物质对土壤中非寄主病原菌的抑制是减轻病害的主要原因之一。Park 等（2004）研究表明，玉米可以通过根系分泌两种抗菌化合物（6R）－7，8－二氢－3－氧代－α－紫罗兰酮和（6R，9R）－7，8－二氢－3－氧代－α－紫罗兰醇抑制茄子枯萎病菌的生长。生产实践表明，甜菜、胡萝卜、洋葱、大蒜等根系分泌物可抑制马铃薯晚疫病、辣椒疫病、十字花科根肿病的发生。

魔芋与玉米轮作能减少病原菌在作物残体和土壤中的残留，使病原菌失去寄主或改变生活环境，有效降低病害发生。在云南省富源县魔芋种植区设置大量田间试验，结果表明魔芋与玉米轮作是控制魔芋软腐病的主要措施，它可以显著降低魔芋软腐病的死亡率，且将发病高峰期延迟 1 个月，轮作防效可达 29%～59%。

作物轮作对减少和阻止病害的传播具有巨大的潜力。适宜的作物轮作、辅助农业措施和化学防治是目前防治真菌、卵菌、细菌和线虫病害的有效方法，但防效与病原菌的特性有关。

（一）轮作对土传病害的防治

轮作对寄生性强的土传病原菌具有较好的防治效果。将感病的寄主作物与非寄主作物实行轮作，便可消灭或减少这些病菌在土壤中的数量，减轻病害。合理轮作换茬，可以使那些寄生性强、寄主植物种类单一及迁移能力弱的病虫因食物条件恶化和寄主的减少而大量死亡。腐生性不强的病原物如马铃薯晚疫病菌等由于没有寄主植物而不能继续繁殖。例如，轮作是防治细菌性青枯病的有效手段，因为这些病原菌在田间无感病寄主的情况下不能增殖。如果田间缺乏寄主一年以上，病原菌的群体便会下降。种植非寄主作物，例如茄科作物与大豆、玉米、棉花和高粱等作物轮作一年便能有效地减少青枯病的危害。何念杰等人（1995）经过 4 年研究指出，稻烟轮作能有效地控制烟草青枯病等土传病害，并能减轻烟草赤星病和野火病等叶斑类病害的危害，且以稻田首次种烟的病害最轻，春烟—晚稻隔季轮作次之。

有的病原菌虽然寄生能力强，但能产生抗逆性强的休眠体，可在缺乏寄主时长期存活，故只有长期轮作才能表现防治效果。例如，由辣椒疫霉菌（*Phytophthora capsici Len.*）侵染引起的辣椒疫病是一种世界性分布的毁灭性病害。该病原菌寄生性较强，但病菌主要以卵孢子和厚垣孢子在土壤中或残留在地上的病残体内越冬，是典型的土壤习居菌。实行轮作是防治辣椒疫病的主要措施，但卵孢子在土壤中一般可以存活 3 年。因此，与非茄果类和瓜类作物轮作 3 年以上轮作才能有效防治疫病的发生。引起十字花科植物根肿病的芸苔根肿菌（*Plasmodiophora brassicae Wornin*）是专性寄生菌，只能侵染甘蓝、白菜、花椰菜、苤蓝、芥菜、萝卜、芜菁等十字花科植物。目前轮作是防治该病的主要措施，但由于根肿菌可以休眠孢子囊随病残体在土壤中存活 6 ~ 7 年，因此短期轮作并不能达到控制根肿病的目的。生产上必须与其他非寄主作物进行 3 年以上轮作或水旱轮作才能减轻病害的发生和危害。

有的病原菌腐生性较强，可在缺乏寄主时长期存活，也需要长期轮作才能表现防治效果。例如，瓜类枯萎病是瓜类作物上的一种重要土传病害，该病由腐生性较强的半知菌类镰刀菌属真菌尖孢镰刀菌（*Fusarium oxysporum Schlecht.*）或瓜萎镰刀菌［*Fusarium bulbigenum Cke. Et Mass.* var. niveum（E. F. Sm.）Wr.］侵染所致。病菌主要以菌丝和厚垣孢子在土壤、病残体、种子及未腐熟的带菌粪肥中越冬，成为翌年的初侵染来源。该类病菌的生活能力极强，在土壤中可存活 5 ~ 6 年。因此，该病的防治最好与非瓜类作物轮作 6 ~ 7 年。

（二）轮作对叶部病害的防治

一些引起作物叶部病害的病原菌，虽然不能侵染根部，但能在土壤或地表病残体上越冬，轮作也可以有效减少一些气传病害的初侵染来源。作物早疫病菌、引起瓜类病害的尾孢菌和大多数叶部细菌病害的初侵染源都可以通过清除病残体和一年轮作得到很好控制。例如，引起玉米灰斑病的玉蜀黍尾孢菌（*Cercospora zeae – maydis Tehon et Daniels.*）以菌丝体、子座在病株残体上越冬，成为第二年田间的初侵染来源。该菌在地表病残体上可以存活 7 个月，但埋在土壤中的病残体上的病菌则很快丧失生命力。因此，玉米收获后，及时深翻土壤结合一年轮作，可以有效减少越冬病原菌数量。

（三）轮作对线虫病害的防治

作物轮作也能有效控制一些寄生线虫的危害。利用非寄主作物轮作一定年限后使线虫在土壤中的虫卵或虫体群体数量降低至经济受害水平以下的阈值，然后再种植感病作物，能有效地降低线虫的危害。例如，大豆是典型的不耐重、迎茬的作物，且受大豆胞囊线虫的危害严重。大豆胞囊线虫是专性寄生物，而且寄主范围很窄，仅限于少数豆科植物，轮作非寄主植物，线虫找不到寄主便会死亡。研究发现轮作是防治大豆胞囊线虫病最经济有效的措施，轮作植物与大豆胞囊线虫间的关系的研究也备受关注。李国祯等的调查数据显示随着大豆轮作年限的减少和连作年限的增加，每株大豆根上的胞囊数是逐渐增加的（李国祯等，1993）。董晋明（1988）以山西当地大豆农家品种重茬为对照，轮作年限分别为 3 年、4 年、5 年 3 个处理。结果表明，轮作使土壤中的胞囊有减退趋势，但并无规律可循。靳学慧等（2006）研究表明，长期轮作使土壤中胞囊数量有减少的趋势，轮作 12 年后土壤中胞囊数量达到动态平衡。王克安等（2000）研究表明小麦—大麦—大豆的轮作方式对大豆胞囊线虫有较好的防治效果，小麦—玉米—大豆的轮作方式对减少大豆胞囊线虫数量有明显效果，而小麦—油菜—大豆的轮作方式防治效果最差。肖枢等人（1997）通过研究烟草根结线虫与轮作的关系表明，轮作可显著降低虫口密度，减少线虫种群。

轮作对大豆胞囊线虫的防治与轮作作物根系分泌物对卵孵化的影响有关。作物的根分泌物是胞囊和卵孵化的一个重要影响因子，寄主根分泌的化学物质对大豆胞囊线虫卵孵化具有促进作用，非寄主植物高粱、玉米、万寿菊、红三叶草和棉花等根渗出物能抑制大豆胞囊线虫卵孵化（杨岱伦等，1984；刘淑霞等，2011；于佰双等，2009）。

二、轮作方式对病害防效的影响

作物合理轮作能有效地防治病害，但轮作对病害的有效防治必须建立在对病原菌发生流行规律充分了解的基础上，选择合理的轮作作物、轮作年限和轮作方式等。

（一）轮作作物的选择与病害防效的关系

作物种类的选择。同种作物有同样的病虫害发生，不同科作物轮作，可使病菌失去寄生或改变其生活环境，达到减轻或消灭病虫害的目的。一种作物需要与另外其他科的作物至少轮作两年。例如，轮作的科可以包括十字花科（*Brassicaceae*）—菊科（*Asteraceae*）—茄科（*Solanaceae*）—葫芦科（*Cucurbitaceae*）等。

作物化感特性的选择。部分作物品种的根际分泌物可以抑制一些土壤病原物的生长，生产上可以考虑利用前茬作物根系分泌的杀菌物质抑制后茬作物病害的发生。生产实践表明，葱属作物（蒜、葱、韭菜等）与其他作物轮作对土传病害的防治效果好（金扬秀等，2003；Nazir et al.，2002；Kassa et al.，2006；Zewde et al.，2007）。如栽培葱蒜类后，种植大白菜可以减轻白菜软腐病。前茬是洋葱、大蒜、葱等作物，马铃薯晚疫病和辣椒疫病的发生轻。

（二）轮作年限与病害防效的关系

轮作对土传病害的防治效果与轮作时间长短有关系。通常，一种作物与其他非寄主作物轮作4年可以有效降低土传病害。但对于腐生性较强，或能产生强抗逆性休眠体的病原物，可在缺乏寄主时长期存活，故只有长期轮作才能表现防治效果。例如十字花科根肿病、莴苣菌核病和镰刀菌引起的枯萎病等（表8-13）。4年或更长年限的轮作才能降低这些病害的危害。

表8-13　常见土传病害的轮作周期

作物	病害	非寄主作物轮作年限
芦笋（Asparagus）	镰刀菌根腐病（Fusarium rot）	8
甘蓝（Cabbage）	十字花科根肿病（Clubroot）	7
甘蓝（Cabbage）	甘蓝黑根病（Blackleg）	3~4
甘蓝（Cabbage）	甘蓝黑腐病（Black rot）	2~3
甜瓜（Muskmelon）	镰刀菌萎蔫病（Fusarium wilt）	5
牛蒡（Parsnip）	根瘤病（Root canker）	2
豌豆（Peas）	根腐病（Root rots）	3~4
豌豆（Peas）	镰刀菌萎蔫病（Fusarium wilt）	5
南瓜（Pumpkin）	黑腐病（Black rot）	2

（三）合理的轮作方式可以缩短轮作周期

虽然对一些腐生性较强，或能产生抗逆性强的休眠体的病原物需要长期轮作才能有效控制病害，但可以根据病原菌的特点采用合理的轮作方式，创造一些不利于病原存活的环境条件从而缩短轮作周期。

水旱轮作缩短轮作周期。例如，防治茄子黄萎病需实行5~6年旱旱轮作，但改种水稻后只需1年。核盘菌［Sclerotinia sclerotiorum（Lib）de Bary］是具有广泛寄主的病原菌，除了危害十字花科植物外，还能侵染豆科、茄科、葫芦科等

19 科的 71 种植物。该菌可以形成菌核，菌核在温度较高的土壤中能存活 1 年，在干燥的土壤中可以存活 3 年以上，但在土壤水分含量高的情况下，菌核一个月便腐烂死亡。与禾本科作物旱旱轮作需 3 年以上，有条件的地区实行水旱轮作一年便可以有效降低病害的发生。

合理耕作缩短轮作周期。例如，白绢病菌通常只能在 5 ~ 8cm 深的土表存活一年，玉米灰斑病菌、大小斑病菌等叶部病原菌能在地表病残体上短期存活，但埋在土壤中的病残体上的病菌则很快丧失生命力。因此，深耕结合短期轮作能有效降低病害的发生。

条带轮作缩短轮作周期。长期轮作会造成用地矛盾，不同作物条带轮作，减少土壤病原菌积累和初侵染源，可缩短轮作周期。云南农业大学研究表明，魔芋与玉米、马铃薯与玉米、小麦与蚕豆等作物条带轮作能有效降低病情指数，减少病害危害，克服用地矛盾。条带轮作与连作对照相比，魔芋软腐病和玉米大小斑病病情指数分别平均降低 26.74% 和 7.15%；玉米大小斑病和马铃薯晚疫病平均分别降低 8.06% 和 11.66%，小麦条锈病和蚕豆褐斑病分别降低 5.23% 和 6.12%。

参考文献

［1］曾祥艳，陈孝，张增艳，等. 小麦多基因聚合体 YW243 的改良与利用［J］. 作物学报，2006，32（5）：645–649.

［2］曾祥艳，张增艳，亚志勇，等. 分子标记辅助选育兼抗白粉病、条锈病、黄矮病小麦新种质［J］. 中国农业科学，2005，38（12）：2380–2386.

［3］郭士伟，张彦，孙亡华，等. 水稻白叶枯病抗性研究进展［J］. 中国农学通报，2005，21（9）：339–345.

［4］金扬秀，谢关林，孙祥良，等. 大蒜轮作与瓜类枯萎病发病的关系［J］. 上海交通大学学报：农业科学版，2003，3（1）：9–12.

［5］李国祯，杨兆英，王守义，等. 抗大豆孢囊线虫病育种的进展［J］. 大豆通报，1993（3）：27–29.

［6］李明晖，王贵学，王凤华，等. 水稻抗白叶枯病基因及其抗病机理的研究进展［J］. 中国农学通报，2005，21（11）：307–310.

［7］李振岐，商鸿生. 中国农作物抗病性及其利用［M］. 北京：中国农业出版社，2005.

［8］李振岐. 植物免疫学［M］. 北京:中国农业出版社, 1995.

［9］李振岐. 我国小麦品种抗条锈性丧失原因及其控制策略［J］. 大自然探索, 1998, 17 (4): 21 - 24.

［10］刘淑霞, 潘冬梅, 魏国江, 等. 轮作防治大豆胞囊线虫病的研究现状［J］. 黑龙江科学, 2011, 2 (1): 35 - 47.

［11］彭磊, 卢俊, 何云松, 等. 农业综合措施防治魔芋软腐病［J］. 北方园艺, 2006, 4: 176.

［12］孙雁, 周天富, 王云月, 等. 辣椒玉米间作对病害的控制作用及其增产效应［J］. 园艺学报, 2006, 33 (5): 995 - 1000.

［13］孙雁, 王云月, 等. 小麦蚕豆多样性间作与病害控制田间试验［M］.// 朱有勇. 生物多样性持续控制作物病害理论与技术. 昆明:云南科技出版社, 2004, 543 - 551.

［14］王云月, 范金祥, 赵建甲, 等. 水稻品种布局和替换对稻瘟病流行控制示范试验［J］. 中国农业大学学报, 1998, 3 (增刊): 12 - 16.

［15］吴俊, 刘雄伦, 戴良英, 等. 水稻广谱抗稻瘟病基因研究进展［J］. 生命科学, 2007, 19 (2): 233 - 238.

［16］吴新博. 系统论与农业现代化模式［J］. 系统辩证学学报, 2001, 9 (2): 64 - 66.

［17］杨岱伦. 大豆孢囊线虫的生物学研究［J］. 辽宁农业科学, 1984 (5): 23 - 26.

［18］杨进成, 杨庆华, 等. 小春作物多样性控制病虫害实验研究初探［M］.//朱有勇. 生物多样性持续控制作物病害理论与技术. 昆明:云南科技出版社, 2004, 536 - 542.

［19］于佰双, 段玉玺. 轮作植物对大豆胞囊线虫抑制作用的研究［J］. 大豆科学, 2009, 28 (2): 34 - 37.

［20］朱有勇. 生物多样性持续控制作物病害理论与技术［M］. 昆明:云南科技出版社, 2004.

［21］Akanda S I, Mundt C C. Effects of two - component wheat cultivar mixtures on stripe rust severity［J］. Phytopathology, 1996, 86: 347 - 353.

［22］Bonman J M, Estrada B A, Denton R I. Blast management with upland rice cultivar mixtures. In: Progress inUpland Rice Research. Manila: International Rice Research Institute, 1986: 375 - 382.

[23] Brophy L S, Mundt C C. Influence of plant spatial patterns on disease dynamics, plant competition and grain yield in genetically diverse wheat populations [J]. Agriculture, Ecosystems and Environment, 1991, 35: 1 - 12.

[24] Chin K M, Husin A N. Rice variety mixtures in disease control. Proceedings of International Conference of Plant Protection in the Tropics, 1982: 241 - 246.

[25] Daolin Fu, Cristobal Uauy, Assaf Distelfeld, et al. A Kinase - Start gene confers temperature - dependent resistance to wheat stripe rust [J]. Science Express, 2009, 323: 1357 - 1360.

[26] Finckh M, Mundt C C. Stripe rust, yield, and plant competition in wheat cultivar mixtures [J]. Phytopathology, 1992, 82: 905 - 913.

[27] Gieffers W, Hesselbach J. Krankheitsbefall und Ertrag verschiedner Geterides- orten im Reinund Mischanbau. III. Winter weizen (*Triticum aestivum L.*) [J]. Zeitschrift fur PflanzenKrankheiten PflanzenSchutz, 1988, 95: 182 - 192.

[28] He X H, Zhu S S, Wang H N, et al. Crop diversity for ecological disease control in potato and maize [J]. Journal of Resources and Ecology, 2010, 1 (1): 45 - 50.

[29] Janvier C, Villeneuve F, Alabouvette C, Edel - Hermann V, Mateille T, Steinberg C. Soil health through soil disease suppression: Which strategy from descriptors to indicators? [J]. Soil Biology and Biochemistry, 2007, 39 (1): 1 - 23.

[30] Jeger M J. Theory and plant epidemiology [J]. Plant Pathology, 2000, 49: 651 - 658.

[31] Jeger M J, Griffiths E, Jones D G. Disease progress of non - specialised fungal pathogens in intraspecific mixed stands of cereal cultivars: I Models. Ann. Appl. Biol., 1981a, 98: 187 - 198.

[32] Kassa B, Sommartya T. Effect of Intercropping on potato late blight, *Phytophthora infestans* (Mont.) de Bary development and potato tuber yield in Ethiopia. Kasetsart J., 2006, 40: 914 - 924.

[33] Kennedy A C, Smith K L. Soil microbial diversity and the sustainability of agricultural soils [J]. Plant and Soil, 1995 (170): 78 - 86.

[34] Leung H, Zhu Y Y, Revilla - Molina I, Fan J X, Chen H R, Pangga I,

Cruz C V, Mew T W. Using Genetic Diversity to Achieve Sustainable Rice Disease Management [J]. Plant disease, 2003, 87 (10): 1155 – 1169.

[35] Li C, He X, Zhu S, et al. Crop Diversity for Yield Increase [J]. PLOS ONE. 2009, 4 (11): e8049.

[36] Manwan I, Sama S, Rizvi S A. 1985. Use of varietal rotation in the management of rice tungro disease in Indonesia [J]. Indonesia Agricultural Research Development Journal, 7: 43 – 48.

[37] Matian W S. Crop strength through diversity [J]. Nature, 2000, 406: 681 – 682.

[38] Mew T W, Borrmeo E, Hardy B. Exploiting Biodiversity for sustainable Pest Management. International Rice Research, 2011.

[39] Mundt C C. Performance of wheat cultivars and cultivar mixtures in the presence of Cephalosporium stripe [J]. Crop Prot., 2002b, 21: 93 – 99.

[40] Mundt C C, Brophy L S, Kolar S C. Effect of genotype unit number and spatial arrangement on severity of yellow rust in wheat cultivar mixtures [J]. Plant Pathology, 1996, 45: 215 – 222.

[41] Mundt C C, Hayes P M, Schon C C. Influence of barley variety mixtures on severity of scald and net blotch and on yield [J]. Plant Pathology, 1994, 43: 356 – 361.

[42] Nazir M S, Jabbar A, Ahmad I, et al. Production potential and economic of intercropping in Autumn – planted sugarcane [J]. International Journal of Agriculture & Biology, 2002, 4 (1): 139 – 142.

[43] Zewde T, Fininsa C, Sakhuja P K. Association of white rot (*Sclerotium cepivorum*) of garlic with environmental factors and cultural practices in the North Shewa highlands of Ethiopia [J]. Crop Protection, 2007, 26: 1566 – 1573.

[44] Zhu Y Y, Chen H R, Fan J H, Wang Y Y, Li Y, Chen J B, Fan J X, Yang S S, Hu L P, Leung H, Mew T W, Teng P S, Wang Z H, Mundt C C. Genetic diversity and disease control in rice [J]. Nature, 2000a, 406 (6797): 718 – 722.

[45] Zhu Y Y, Chen H R, Wang Y Y, et al. Diversifying varity for the control of Rice Blast in China [J]. Biodiversity, 2000b, 2 (1): 10 – 15.

第九章　农田景观格局演替与可持续农田景观恢复布局

农田景观格局是生物自然过程与人类干扰相互作用形成的，是各种复杂的自然和社会条件相互作用的结果。同时，农田景观格局也制约和影响着各种生态过程。农田斑块的大小、形状和廊道的构成将影响到农田内农作物和其他物种的丰度、分布、生产力及抗干扰能力。农田景观格局是包括干扰在内的一切生态过程作用于农田景观的结果。在不同时间和空间尺度上，不同农田生态学过程的作用结果也不同。因此，理解与把握农田景观格局演变的生态学规律对农田景观格局的重建、趋势预测和管理有重要意义（付梅臣等，2005）。

第一节　农田景观演变过程

农业是人类社会最基本的物质生产部门，种植业生产的场地是农田，人类通过社会劳动，对原有自然生态系统演变过程及其所处的环境条件进行改造，从而获得适合农作物生长的耕地。作为农作物生产的农田还要有人类生产劳动对其景观过程的干预，这种干预的有效性，一方面取决于人类对自然界景观演变规律的认识程度和干预手段的先进程度，另一方面又必然受社会经济条件的制约，这样就构成了农田景观过程的二重性。农田景观格局从适应自然环境发展为人与自然的和谐。

一、短期或定期零星农田景观格局的形成与发展

农田景观的形成过程中原始本底表现为穿孔、分割、破碎化、收缩、消失等一系列过程。反之农田景观的形成过程则表现为楔入、扩大、连片、本底化等动态变化类型。农田是农作物生长的立足之本，不同的种植方式必然造成不一样的

农田景观，于是农田景观格局与作物种植制度自然地连在一起。《尔雅·释地》有"田，一岁曰菑，二岁曰新田，三岁曰畬"，揭示了新垦农田景观演变和熟化的过程。

二、长期集中连片农田景观格局的形成与发展

随着对自然景观农田化的改造进一步扩大，零散的农田不利于抵御动植物的侵袭和自然灾害的破坏，也不利于农田设施配套和管理，需要对农田进行集中连片，由星点式或斑块式开发转为大规模连片开发，构造更大尺度的农田斑块或本底。

从中国农业发展史看，开荒垦殖，扩大耕地面积一直是社会发展的重要构成，特别是 1949 年以后更进一步促进农田的集中连片。1955 年出台了《1956—1967 年全国农业发展纲要（草案）》，把"开垦荒地，扩大耕地面积"作为重要目标之一（中华人民共和国农业部土地利用总局编，1956）。为消除农田的插入、过远、楔入、插花等现象，做到农田集中连片和外形整齐，促进农田集中化和规模化，适应生产的要求，在全国平原区开展了"方田""条田"规划和工程实施，山区开展了"梯田"建设等，对农田进行集中化和规则化，改良土壤，配套建设田间道路、防护林、沟渠等，为集约化农田景观格局的形成奠定了初步基础。

三、配套集约化农田景观格局的形成与发展

20 世纪上半叶人口增长加剧，为保障社会的可持续发展，在全国开展了农田整理以及中低产田改造工作。农田整理是指归并畸零不整的农田、沟渠和田间道路。各地实践表明，农田整理不仅能增加有效耕地面积，改善农业生产条件，还能提高耕地质量，降低生产成本（政协全国委员会人口资源环境委员会专题调研组，2001）。整理后的农田全部成为地块平整、沟渠配套的配套集约化农田景观。

四、未来"天地人和"农田景观格局发展趋势

农业中人与大自然的关系具体表现为人、天、地、稼的关系，天人关系为中心的可持续农业，使中华文明长达数千年而不衰。随着科学技术的发展，农田生

产力将有更高的上升空间，农田的替代基质不断增多，扩大新的食品来源，农田的历史任务有所改变，保护环境和提供休闲服务的功能将相对提高。未来农田景观的格局将随之变化，农田斑块的基质得到进一步改良，以多样化的种植方式和廊道结构生物防治病虫害，达成人与自然、人与田园的"天地人合一"。

第二节　现代农田景观演变的过程

中国农业发展历史悠久，目前，正向知识高度密集型现代农业发展，与之发展相配套的农田景观也悄然向现代农田景观方向演变。

一、现代农田景观格局的形成与发展

现代农业是以生物为中心的一种优化的生物—技术—经济—社会复合人工生态系统（石元春，2002）。现代农业生产的重要特点是"精准"生产（石玉林和齐文虎，2001），精准农业能最大限度地优化使用各种农业投入，获取最高产量和最大经济效益，保护农业生态环境，保护土地等农业自然资源的效果，使农业可持续地发展下去（王智敏等，1998）。

农田景观属于经营景观中的人工经营景观，景观构图的几何化与物种的单纯化是其显著特征。随着传统农业向现代农业的演进，原有分散和形状不规则的耕作斑块向着线形和规则多边形的方向演变，斑块的大小、密度和均匀性均发生变化（肖笃宁等，2003），精准农业的发展要求农田进一步集约化、田面平整化、田块规则化和设施配套化与智能化。

二、现代农田景观格局

精准农业要求农业集约化，可能导致原动植物生境破碎化、田块扩大、植被类型减少和农田景观中动植物多样性急剧变化，而这些变化又可能通过削弱生态系统天敌与害虫间自我调节功能，降低农业可持续性（宇振荣等，2000）。在现代农业景观中，农田景观格局仍是控制农作物和其他物种时空分布和生态学过程重要的因素，其主要表现如下。

（一）农田斑块内部均质性增强

精准农业的实施重要条件是作业对象的标准化，要求同一作业农田斑块的农作物的一致性和田面平整，清除田块内残留的其他斑块和障碍物，田块规则化，利于机具的生产作业。这些已经在机械化作业实施中得到体现和证明，机械化使农业景观趋于一致或相似（Hietala – Koivu，2002）。另外，在田间管理环节上，需要对现有农田基质条件不断改造，使农田斑块基质达到均质。

（二）农田廊道结构简单化，生态流稳定、畅通

随着现代农业的发展，农田中小的或零星的斑块（如林地、防护林、沟渠等）大量从现代农业景观中消失。伴随着农业机械化的增加，田块边缘带急剧减少，如防护林和沟渠密度在减少（Didier et al.，2002）。农业生产方式的变化必然促进农田景观格局的演变，其中变化最大的是廊道结构。按照精准农业生产要求，仅灌溉精准化一方面就需要积极发展节水灌溉，对原有灌溉系统提出挑战，固定的明渠被地下暗管、喷灌、滴灌、微灌等节水设施取代。从适合精准农业作业角度出发，部分为小农具和人畜服务的田间道路被整理为农田，部分田间道路将拓宽改造适宜大型农机具作业，由较宽廊道围成的农田斑块规模扩大，各种生态流更加稳定和畅通。

第三节　农田景观演变影响的驱动力

农田景观演变的驱动力是导致农田景观格局发生变化的各种因素，驱动力对农田景观演变的作用方式多种多样，既有正向的促进作用，也有逆向的阻碍作用。同时驱动力对农田景观演变的作用在不同时间段可能呈现出不同的作用，可能有一个时期起促进作用，而进入另一时期则起阻碍作用，正是驱动力作用方式变化的多样性形成复杂的农田景观演变形式。

一、人类活动对农田景观格局演变的影响

农田景观的结构主要取决于土地利用方式与种植方式的不同和管理的精细程度，常常表现为田块的大小或种植单元的大小。自人类文明进入农业文明以后，人口因素对自然景观的影响越来越大，对自然景观的破坏作用加大，相伴产生的是大面积农田景观及其他人工景观、干扰景观和残留景观等，如 19 世纪以来中国东北地区的土地开垦，先坡地后沟地，先阳坡后阴坡，将大面积的漫岗和缓坡自然景观、沼泽和湿地景观垦殖为农田，导致自然景观分割、残留和灭失。在城

市化进程中，农田景观也面临着分割、残留和灭失的威胁，大量的农田被改变为建设用地（Lise，2002；Kristensen，2003）。

随着现代农业的推进，规划对农田景观格局的作用日益突出，以适应生产的发展需要。景观生态规划强调景观空间格局对过程的控制和影响，并试图通过格局的改变来维护景观功能流的健康和安全，尤其强调景观格局与水平运动和流的关系（Forman，1995）（Forman et al.，1995）。农田景观规划是对农田景观结构和格局的统筹安排，确定农田廊道、斑块的位置、形状、规模和范围，提高农田生态系统的各项功能。合理轮作对农田景观格局的演变也有重要影响，主要表现在对农田生态流和基质的影响。如防治病、虫、草害，均衡地利用土壤养分，改善土壤理化性状，调节土壤肥力等。《齐民要术》中总结前人经验说："谷田必须岁易"，如果不实行轮作易地，就会"莠多而收薄""麻欲得良田，不用故墟""稻无所缘，唯岁易为良"。总之，在农田景观形成与发展过程中科学技术、政策和人类文化对其有着深刻影响。

二、自然环境变化对农田景观格局的影响

自然环境的变迁在一定程度和范围内形成特定的地貌、气候、土壤和植被等条件，使全球自然景观呈现出水平地带性和垂直地带性分布规律，作为干扰后形成的农田景观格局与其原始自然景观一样呈现出水平和垂直地带性，如中国东部地区分为北方旱作区和南方水田区。自然环境变化在影响农田景观格局的同时也制约着农田景观规模的扩大，如部分农田受风沙等灾害影响而消失，变为沙地、戈壁，甚至石漠化（王锐等，2002）。

第四节　农田景观格局演变调控与恢复

农田景观空间格局包括空间异质性、空间相关性和空间规律性等内容，空间格局决定农田的分布形成和组分，制约着各种农田生态过程，与干扰能力、恢复能力、系统稳定性和生物多样性有密切的关系。景观结构是农业发展内在的驱动要素，未来的农田景观变化更加重视其多样性（Thenail，2002）。斑块大小、斑块形状、斑块密度、斑块的分布构型和廊道形态等是影响农田景观格局的重要因素，必须对其控制和管理，保障农田各项功能的发挥。

一、农田景观格局演变调控

土地利用是人类影响环境的主要方式之一，历史上人类最大的土地利用变化是将森林景观干扰为农业景观和居住景观。19 世纪至 20 世纪，伴随着科学技术的发展和人口增长，人类按照自己的要求塑造环境，满足人类需求的增加（Lausch et al.，2002）。随着可持续发展观念的深入，全球各地从土地的适宜性和生态安全角度，不断对农田景观格局进行调控，主要表现在以下两方面：

一方面，以提高生态安全为目的，对生态环境脆弱地区退耕还林（草），建立合理的农业生态系统结构。合理的农业景观格局是一种充分注重保护生态安全的系统，是适应生态要求和经济发展要求实现生态—经济—社会效益最大化的农业生产系统。农田建设要根据土壤、地形适宜程度，坚持便于耕作、灌溉和管理的原则，因地制宜实施，以维护生态规律和生态环境保护为中心，构造生态安全的农业景观格局。

另一方面，加强农田基本建设，开展农田区的土地整理，控制建设占用农田，加强农田生产安全监督等。高效农业生产是现代农业的特征，田块规模明显比过去十年增加，田间道路、灌排沟渠和防护林等廊道的密度下降，但系统配套程度更加完善（Wendroth，2003）。中国目前农村地区仍存在大量零星闲散废弃土地，田埂沟渠占地量大，村落零散；矿山损毁、塌陷和占压土地长期得不到治理。近年来，通过土地整理，对田、水、路、林、村进行综合整治，提高了耕地质量，增加了有效耕地面积，改善了生产条件，提高了农业综合生产能力（鹿心社，2002）。同时，降低了农田景观破碎度，有利于控制非点源污染的形成，提高了农田生产的稳定性和安全程度。

二、农田景观格局恢复

不同类型农田边界包含的景观要素不同。它可能包括的景观要素有树篱、防护林、草皮（带）、墙、篱笆、沟渠、道路、作物边界带等。半自然生境的农田边界是重要的动植物栖息地和扩散廊道及评价环境长期污染程度的基质。随着人口的增加和农业集约化的发展，农业景观中非生产性（半自然生境）用地面积逐渐减少，在一定程度上引起生物多样性下降及影响农田物种扩散。此外，农田边界的生物多样性和物种的扩散，又受边界结构属性、农作系统及农作措施和区域景观结构及动态的影响。因此，随着生物多样性保护和病虫害综合防治的提出，有关农田边界生态学日益引起生态学家的重视，相继开展了一定的研究。

我国农田边界景观结构与西方农田边界所形成的景观结构有明显的不同（宇振荣等，2000），随着人口增加和耕地扩大以及规模化经营，农田边界密度逐渐减少，而我国未能充分重视农田边界生态学功能是一些地方病虫害爆发的原因之一。

（一）农田边界的景观生态功能

到目前为止，大多数研究论文都是关于物种和个体数量与农田边界结构和长度的关系，而对农田边界及农田边界网络在生物多样性保护和农作系统持续发展等方面的功能和作用，以及农田边界的综合景观生态功能研究不多。

1. 农田边界对保护生物多样性的作用

多数农田生物生活在开阔的半自然的栖息地上，这些栖息地维持着农田生物群体。但是，多数半自然农田栖息地都是很破碎的。破碎的栖息地和生存的物种的相互作用机制是现代保护生态学的主要研究内容（许振文，2003；Saunders et al.，1991）。

许多农田生物以小种群勉强生活于破碎的栖息地中。研究指出，多种群生存和发展的主要决定因素是尺度、亚种群动态及在破碎的栖息地间迁移速率（许振文，2003；Opdam et al，1991）。农田边界是农业景观中多群体物种稀有亚种生存的栖息地（Wu et al.，1993）。因此，通过确定这些稀有物种与农田边界的相互关系，就有可能提高亚种群之间的联系和保护稀有物种。然而，农业景观的破碎化是否在物种灭绝方面起重要作用还有待进一步研究（Middleton et al.，1983；Wegner，1990）。

在镶嵌的农业景观中，物种在不同栖息地上的繁殖有很大差异。在适宜环境中，出生率远大于死亡率（胡继连，2000）。农田边界也是许多农田生物的栖息地。因此，只有农田基质中存在充分长的高质量农田边界，农田生物才能在遭受干扰的情况下，得以在农田边界上继续生存和发展。农田边界作为农田生物扩散的运动廊道，能连接嵌块体栖息地，提高个体扩散，稳定群体，保护农田中数量下降的种群。但是，农田边界结构影响农田生物在嵌块体间的迁移。农田边界作为运动廊道常用"关连度"（Connectivity：表示群落中亚种群相互联系的景观功能）（宇振荣等，2000）来定义，它不同于"连接度"（Connectedness：表示景观的物理连接性）概念。因为，即使农田边界相连接，但由于某段边界不适宜作廊道，也不会将相互隔离的栖息嵌块体生存的生物连接起来。

2. 农田边界对作物产量和农作系统持续性的作用

现在普遍认为，农业生产要摆脱过分依赖于能量和化学投入，应向生态方向发展。农田边界的合理建设和管理被认为是优化自然和农业景观的主要措施（Chen et al.，2001）。农田边界作为害虫天敌的栖息地，对保护天敌有重要作用（Kristensen，2003）。对节肢动物益虫的研究表明，春季靠近农田边界处多食性天敌密度大。这些发现可应用于病虫害综合防治方案中，但现在很少有以控制害虫为目标的景观规划设计。天敌在农田中的穿透和扩散能力可能是优化农田边界格局的基本依据。通过对天敌沿农田边界扩散以及对害虫控制的分析和模拟，就有可能进行农田边界合理设计及实施病虫害综合控制。但是，要建立这样一个综合模型，必须了解影响天敌扩散到农田的路径、速度和时间的各种因素，研究农田边界的空间格局对天敌迁移的影响。

单一种植的作物比混作或轮作受害虫的影响更大，部分原因是单一种植使害虫更容易找到寄主（Paoletti et al.，1992）。农田边界能够阻止许多害虫寻找寄主，从而能起到增加天敌数量，减少作物的发病率。

农田边界还可作为防护和风障，这也是它在农作系统中长期存在的原因之一。农田边界合理布局取决于景观中的一些自然因素，如风向、坡度和地貌。因为农田边界影响景观中物质的流动，所以农田边界的结构和整体格局是水土保持、防治盐碱化和养分流失的景观恢复方案中的重要组成部分（陈利顶等，2000）。

减少农药对非目标生物的危害，也需要研究农田边界的属性、空间格局以及农药施用体系（Jepson et al.，1988；Sheratt et al.，1993）。如果物种在田间自由移动，就易发生连锁死亡；反之，如果农田边界不利于生物扩散，就会减轻农药对非目标生物的危害（Sherratt et al.，1993）。

虽然农田边界具有减少农药迁移、阻碍养分流动及流失、减少病虫害传播、作风障等功能，但农田边界可能明显减少动物在地块间的迁移，增加隔离，这就出现了利益冲突。要解决这一问题，需对物种的不同生态群体的扩散能力和机制进行综合研究。

（二）农田边界与景观面貌和娱乐的关系

农田边界是构成乡村风光的主要景观要素（Lamb et al.，1990）。随着城市人口越来越多地涌向乡村开展各种娱乐活动，使得娱乐成为农业景观设计越来越重要的要求。在景观恢复方案实施中，农田边界的类型和结构是非常重要的。如果要使农业景观规划得整齐、美观，就必须研究农田边界格局和各种乡村娱乐活动的关系及美学效果。

（三）农田边界的经济和管理问题

创造规模经济效益是破坏无数农田边界，扩大机械化的主要借口。近来的研究对此提出质疑，发现产量形成的主要成本是由单位作物上花费的机械和人工作业时间及燃料决定的（Fry，1994）。模拟和田间试验证明，农田形状是决定成本的主要因素，而机械化耕作的规模效益仅在 5ha 以下农田中才能获得，而大于 5ha 的田块上单位作物所需的成本相同。因此，农田边界设计还需研究不同农田边界格局构成的田块大小耕作费用和生产效益。

规模经营往往伴随着严重的环境问题。如果把环境问题也考虑进去，会大大降低效益。所以，具有适宜的地块形状（长而窄）用来减少机械转弯次数，比以减少农田边界为代价增加面积显得更为重要。研究表明，狭长田块产投比较高，矩形农田有利于提高机械效率，有利于益虫扩散，有利于减少泥土和养分流失。因此，如果应用这些知识和不同类型农田边界生物分布和扩散的数据，就可以优化农田边界在农业生产和自然保护中的功效。

农田边界常常为公共财产，农田边界的管理需要相应的法规和刺激性经济措施。荷兰和德国的自然保护计划都极为重视农田边界管理，采用多种措施以增加其对农民的吸引力（Melman et al，1994）。荷兰在农田边界管理中引入新的经济补偿概念——自然结果补偿，即根据已确定的物种在农田边界上出现的次数和丰度来决定经济补偿程度。

三、国外农田边界景观格局恢复

景观中农田边界的空间结构和功能是非常重要的，并且结构决定功能。国外农田边界景观格局恢复研究较成功。下面仅以美国爱荷华州立大学 Richard Schultz 的农田边界景观格局恢复的成果做一展示，希望对国内农田景观生态恢复有所启发。

图 9 - 1　美国爱荷华州的滨岸缓冲系统（Riparian Buffer Systems）

（引自 http：//www. buffer. forestry. iastate. edu）

图 9 - 2　美国爱荷华州的滨岸缓冲系统（Riparian Buffer Systems）局部放大

（引自 http：//www. buffer. forestry. iastate. edu）

图 9-3　美匤爱荷华州 5~5 年的滨岸缓冲带（Contour Buffer Strips）

（引自 http：//www. buffer. forestry. iastate. edu）

图 9-4　美匤爱荷华州的楦草水道农田生态系统（Grass Waterways）

（引自 http：//www. buffer. forestry. iastate. edu）

图9 - 5　等高线缓冲带农田生态系统（Contour Buffer Strips）

（引自 http：//www. buffer. forestry. iastate. edu. and

http：//www. mda. state. mn. us/protecting/conservation/practices/contourbuffer. aspx）

图9 - 6　美国爱荷华州的等高线缓冲带农田生态系统（Contour Buffer Strips）

（引自 http：//www. buffer. forestry. iastate. edu）

图 9 - 7　河堤的生物工程硬化（ Stream Bank Bioengineering ），不提倡水泥硬化
（ 引自 http： //www. buffer. forestry. iastate. edu ）

参考文献

［1］陈利顶，傅伯杰. 农巨生态系统管理与非点源污染控制［J］. 环境科学，2000，21（2）: 98 - 100.

［2］付梅臣，胡振琪，吴淦国. 农田景观格局演变规律分析［J］. 农业工程学报，2005，21（6）: 54 - 58.

［3］胡继连，苏百义，周玉玺. 小型农田水利产权制度改革问题研究［J］. 山东农业大学学报：社会科学版，2000，2（3）: 28 - 41.

［4］鹿心社. 论中国土地整理的总体方略［J］. 农业工程学报，2002，18（1）: 1 - 5.

［5］石玉林，齐文虎. 精准农业是现代农业的发展方向［J］. 民族经济与社会发展，2001（7）: 46.

［6］石元春. 现代农业［J］. 世界科技研究与发展，2002，24（4）: 13 - 17.

［7］王锐，王仰麟，李卫锋. 半干旱地区农业景观演变研究——以河北坝上康保县为例［J］. 中国农业资源与区划，2002，23（3）: 38 - 42.

［8］王智敏，郝德刚，毛继东. "精准农业"在黑龙江垦区的应用前景［J］. 现代化农业，1998（7）: 2 - 3.

［9］肖笃宁，李秀珍，高峻，等．景观生态学［M］．北京：科学出版社，2003：1－16.

［10］许振文．大安市农业景观格局的变化研究［M］．长春：东北师范大学硕士论文，2003：34－37.

［11］宇振荣，谷卫彬，胡敦孝．江汉平原农业景观格局及生物多样性研究——以两个村为例［J］．资源科学，2000，22（2）：19－23.

［12］政协全国委员会人口资源环境委员会专题调研组．加大土地整理力度，实现土地资源集约利用——关于土地整理与可持续发展的调研报告［J］．中国土地，2001（2）：5－7.

［13］中华人民共和国农业部土地利用总局．农业生产合作社土地规划概要［M］．北京：财政经济出版社，1956：9－45.

［14］Chen L D，Wang J，Fu B J，et al. Land－use change in a small catchment of northern Loess Plateau，China［J］. Agriculture，Ecosystem and Environment，2001，86（2）：163－172.

［15］Didier L C，Jacques B，Francoise B，et al. Why and how we should study field boundary biodiversity in an agrarian landscape context［J］. Agriculture，Ecosystems and Environment，2002（89）：23－40.

［16］Forman R T T. Land Mosaics，The ecology of landscapes and regions［M］. Cambridge University Press，Cambridge，1995：20－45.

［17］Fry G L A. Field margins in the landscape，In：Field margins：integrating agricultural and conservation，Boatman N（Eds），BCPC monograph No 38，Thornton Heath：BCPC Publications，1994：85－94.

［18］Lausch A，Herzog F. Applicability of landscape metricsfor the monitoring of landscape change：issues of scale，resolution and interpretability［J］. Ecological Indicators，2002（2）：3－15.

［19］Lise S. The cultural representation of the farming landscape：masculinity，power and nature［J］. Journal of Rural Studies，2002（18）：373－384.

［20］Wendroth O，Reuter H I，Kersebaum K C. Predicting yield of barley across a landscape：a state－space modeling approach［J］. Journal of Hydrology，2003（272）：250－263.

［21］Hietala－Koivu R. Landscape and modernizing agriculture：a case study of three areas in Finland in 1954 ~ 1998 [J] . Agriculture, Ecosystems and Environment, 2002 (91): 273 – 281.

[22] Kristensen S P. Multivariate analysis of landscape changes and farm characteristics in a study area in central Jutland, Denmark [J] . Ecological Modelling, 2003 (168): 303 – 318.

[23] Thenail C. Relationships between farm characteristics and the variation of the density of hedgerows at the level of a micro – region of bocage landscape: study case in Brittany, France [J] . Agricultural Systems, 2002 (71): 207 – 230.

[24] Saunders D A. (Eds) . Natural conservation 3: reconstruction of fragmented ecosystems , a review [J] . Conservation Biology, 1991, 5: 18 – 32.

[25] Opdam P. Metapopulation theory and habitat fragmentation: a review of hol-arctic breading bird studies [J] Landscape Ecology, 1991, 4: 93 – 106.

[26] Wegner J, Merriam G. Use of spatial elements in a farmland mosaic by a woodland rodent [J] . Biological Conservation, 1990, 54: 263 – 276.

[27] Wu J, et al. Effects of patch connectivity and arrangement on animal metapopulatioon dynamics: a simulation study [J] . Ecological Modeling, 1993, 65: 221 – 254.

[28] Middleton J, Merriam G. Distribution of woodland species in farmland woods [J] . Journal of applied ecology, 1983, 20: 625 – 644.

[29] Paoletti M G, Pimentel D. (eds) . Biotic diversity in agroecosystems [J]. Agriculture , Ecosystems & Environment, 1992, 40 (1 – 4): (special issue).

[30] Sheratt T N and Jepson P C. A metapopulation approach to predicting the long – term effects of pesticides on invertebrates [J] . Journal of Applied Ecology, 1993, 30: 677 – 684.

[31] Sherratt T N. A metapopulation approach to modeling the long – term impact of pesticides on invertebrates [J] . Journal of Applied Ecology, 1993, 30: 696 – 705.

[32] Lamb R J, Purcell A T. Perception of naturalness in landscape and its relationship to vegetation structure [J] . Landscape Urban Planniong, 1990, 19: 333 – 352.

[33] Melman T C P. Field margins as a nature conservation objective in the Netherlands and Germany for nature conservation: polity , practice and innovative research. In: Field margins: integrating agricultural and conservation, Boatman N

（Eds），BCPC monograph No 38，Thornton Heath：BCPC Publications，1994：367 –
377.

　　［34］Jepson P C. Ecological characteristics and the susceptibility of non – target
invertebrates to long – term pesticide side – effects ［J］. In：Field methods for the
study of the environmental effects of pesticides. BCPC Monograph，1988，40：190 –200.

第十章　现代可持续观光农业景观构建

伴随现代经济的迅猛发展所带来的传统农业景观中生物栖息地多样性的降低和自然景观的破坏，使得农业景观的美学和生态效益遭受严重损害。不仅影响了自然生态环境的稳定性和景观质量，同时陈旧的农业经营观念也阻碍着现代化农业产业化发展的要求。针对各种日趋严重的农业和土地退化的现象，必须重新考虑土地利用与土地覆盖的结构调整问题，发展各种新型农业环境模式，恢复自然合理的生态环境。其中生态型观光农业的发展，成为新的农业发展趋势，它是以农业经营为基础，农业与旅游业相结合，以景观生态学理论为指导的新型产业，其自身景观特点决定着它的发展要以维持稳定的自然生态环境为基础，发挥农业特有的自然景观优势和生态效益（韦伟和秦华，2010）。

第一节　观光农业与景观生态

一、观光农业（Agri‑tourism）

观光农业是一种兴起于 20 世纪 60 年代的具有休闲、娱乐、求知功能的生态、文化旅游，是农业由第一产业向第三产业的延伸和渗透，是对传统农业的改造和提高，是现代农业的一种形式。从景观学的角度可以将其定义为，在一定的社会经济条件下，在城市化进程中，农业景观、聚落景观、田园风光景观的深层次开发与旅游业延伸交叉形成的新型旅游形式。

二、景观生态学（Landscape Ecology）

景观生态学是研究在一个相当大的区域内，由许多不同生态系统所组成的整体（即景观）的空间结构、相互作用、协调功能及动态变化的一门生态学新分支。如今，景观生态学的研究焦点放在了在较大的空间和时间尺度上生态系统的空间格局和生态过程。景观生态学的生命力也在于它直接涉足于城市景观、农业景观等人类景观课题。

三、观光农业的景观生态设计

观光农业的发展必然伴随着人类频繁的活动，其自然植被斑块将会逐渐地减少，人地矛盾逐渐突出。因此，需要引用景观生态学的原理，要求恢复其独特农业自然景观和良好的生态观赏特性，从功能、结构、景观三个方面确定观光农业景观设计的发展目标，保护集中的农田斑块，因地制宜地增加绿色廊道的数量和质量，补偿景观的生态恢复功能，提高景观美学特征，丰富季象变化，建立稳定的观光农业景观生态环境。

反过来说，生态学原理在观光农业景观设计上具有更为科学的运用价值，其在景观水平上通过构建合理的农业土地利用单元的空间结构，以发挥农业景观生态系统的最大功能效益，调整原有的景观格局，同时引进新的景观组分等，提高物质与能量投入的效率，从而完善和协调景观生态系统的功能，并在设计上实现观光农业景观的可持续发展。因此，从观光农业的本质特征来看它与生态环境密不可分，在景观设计上也要遵循生态原则，才能使农业资源得到综合开发，发挥农业的多方面功能，使农业环境得到有效的保护，获取最佳的社会、经济和环境效益。

第二节　观光农业景观的特征

一、多功能

观光农业景观是集观赏功能、生产功能、科教、娱乐等功能于一身的具有多功能特征的景观形态。流畅线条的梯田、自然蜿蜒的溪流、迂回曲折的羊肠小道、郁郁葱葱的森林等这些自然古朴的农村景观构成农业景观的观赏特性；以农业生产作为经济发展的基础，同时可以利用这种特性让游客直接参与农业生产活动，作为观光农业发展的一个独特组成形式，在农业生产习作中体验技艺、享受农耕乐趣、增长农业知识，从而增加了农业景观当中的科教色彩和娱乐项目，丰富了观光农业景观的内容。发挥观光农业景观的多功能特征，合理协调各功能的关系，使其具有更为科学的、综合性能的观光农业景观结构。

二、生态性

从观光农业景观自身的发展要求来看具有维护自然生态结构，维持景观生态性的特征。首先，观光农业景观异质性较高，斑块类型多样且差异性大。其次对农业各个斑块的形状、面积和连续性面积比例及空间结构、廊道的宽窄这些生态特征都成为观光农业景观设计考虑的内容，是影响农业景观质量、实现可持续发展的主要因素。另外，观光农业景观具有多样性、稳定性、持续性等特征，生态上更为协调，更接近自然生态系统，景观设计中除通过维护良好的自然生态景观模式外，还可以模拟自然顶级群落，山顶、陡坡建造林草景观，防止水土流失，同时限制人工环境的空间范围，防止对自然生境的干扰。因此，注重观光农业的景观生态特性，发挥自然优美的农业景观，使人们回归自然、感受自然的气息，追寻"超脱"的恬静、淡泊的境界的感受，从而增强了观光旅游的吸引力。

三、地方性

由于观光农业的发展多数是基于传统农村领域内具有丰富的自然资源、良好发展趋势的地域进行规划设计的。本身就具有一定的历史遗迹、文化内涵和地方民俗风情，这些地方特征具有很强的景观个性特征。发掘景观地方潜力，使其成为观光农业景观的特色部分。这种地方性特征可以成为观光农业景观设计的亮点。

四、主题性

观光农业虽然是一种经济开发与旅游相结合的新型产业模式，但仍然要以农业生产为主题，将发展农业产业作为经济基础和主要的生产运营方式，观光农业景观建设是在农业生产的大环境下结合第三产业的因子，促进农业经济的增长，同时满足城市居民休闲需求的一种发展趋势。因此，观光农业的农业景观这一主题是景观规划发展不可转移的，无论什么类型的观光农业，都是以农业生产、农业景观这类大环境为观光农业标志性的主题景观内容。

第三节　观光农业的景观生态结构

观光农业景观是由形状、功能存在差异且相互作用的斑块（Patch）、廊道（Corridor）和基质（Matrix）等景观要素构成的具有高度空间异质性的区域。与传统农业景观相比，观光农业景观是自然景观、人文景观的融合，拥有自身的特征。根据方便游客游览、景观空间布局合理原则，建立观光农业景观的斑块、廊道、基质的合理空间结构，对影响农业生态景观的空间格局参数进行分析，作为景观生态格局调整的依据，具体分析如下。

一、斑　块

斑块是内部具有相对匀质性（Homogeneity），外部具有相对异质性（Heterogeneity）的景观要素，它包括农业景观中的动植物群落、娱乐休闲区、饮食住宿区等。观光农业景观具有"一步多景，异步异景"的集锦性特点，景观构成要素不仅形成了不同的旅游功能斑块，满足游客的休闲、饮食、住宿、观赏、求知等需求；而且，不同质量和面积的斑块也影响了物种的灭绝速率和迁移速率，进而影响了景观中的生物多样性。

观光农业景观设计中要求加强斑块布局的合理性，斑块要求集中与分散相结合。其形状、孔隙率、边界形状影响了观光农业景观作为旅游目的地吸引力的大小，是观光农业景观旅游形象设计以及功能斑块划分的基础。

1. 斑块大小

对于观光农业区的景观系统而言，设计时不能仅仅为了景观上好看而随意划分区域，过于分散的斑块往往会导致劳动生产率降低，也不利于物种多样性的生存。大的自然植被斑块在景观上可以发挥多种生态功能，如涵养水源、维护林中物种安全，有利于多样性的保护。

2. 斑块形状

一个生态上理想的斑块形状通常具有一个大的核心区和一些有导流作用且能与外界发生相互作用的边缘触须和触角，适当增加斑块的破碎度有利于其与外界交流。

3. 斑块密度

影响通过景观"流"的速率。若景观划分的区域土地规模小，导致斑块密度大，在很大程度上会影响斑块间物种、营养物质和能量的交流。

二、廊　道

廊道是具有通道或屏障功能的线状或带状的景观要素，是联系斑块的桥梁和纽带。观光农业景观中，廊道是指与两侧景观要素显著不同的线状或带状的景观要素，如旅游线路、河流、篱笆、空中索道等。廊道使不同斑块浑然一体，成为游客畅游的通道。廊道建设可以增加斑块连通性，方便游客游览，也会成为斑块间物种迁移的屏障。荷兰的研究表明，高速公路和河流廊道对于鸟类阻力很大，建成区对于蝴蝶的阻力也很大。因此，廊道的科学设置是廊道实现其游览通道保护生物多样性的关键。

增强廊道设置的科学性，同时也可以体现出自然绿化的意境，由于斑块的景观抗性，许多动物、植物斑块间的运动受到阻碍，而且不能为大的严重干扰，如火灾、游客的恶意行为等提供风险扩散。例如，建筑区斑块会阻碍蝴、蠑的运动，河流会成为鸟类运动的障碍等。因此，必须科学地设置廊道，廊道不仅能成为游客通行的通道，而且要为生物多样性服务。从景观营造的角度上，廊道的设置应当在力求自然绿色的同时，通过人工绿雕等方式增添其自然情趣。另外，从生态效益的角度来看，廊道应当成为自然、人工斑块间生物交流的通道，如美国华盛顿州的城市公园通过建立"溪沟"，将城市中零散的城市公园与野外天然生物联系起来，天然野鸭可以从自然斑块进入人工斑块。法国为了保护鹿、蟾蜍等动物，在其经常出没的地方建立隧道或桥梁等来保护生物种的通过。

三、基　质

基质是指在景观中起背景作用的连续斑块，其他斑块类型以镶嵌体的形式存在于其中。观光农业就是以具有强烈的自然、文化景观差异的城市郊区的特殊区域。其面积、孔隙率、边界形状等因素都影响了观光农业景观作为旅游目的地吸引力的大小，是观光农业景观旅游形象设计以及功能斑块划分的基础。

第四节　景观生态学为基础的观光农业景观设计

观光农业景观规划建设是采用"破除"旧农业生产结构，"建立"新型农业经营方式的非传统的农业生产建设，以城市—农田作为一个城市整体为出发点，强调了与城市生活的对比，形成了"可览、可游、可居"的环境景观，构筑出了从城市、郊区到乡间、田野的空间休闲系统。景观规划设计充分以原有地形地貌、乡土植物群落、农作物为植物材料进行园林景观的营造，园林小品风格自然淳朴，田园气息浓厚；各景观功能区突出以人为本，同时又要和生产相结合。根据不同地块，不同树种、品种的观赏价值进行安排，使人们在休闲体验中领略到农耕文化及乡土民风的自然生境魅力。以下从典型的农业景观类型进行生态设计探讨。

一、种植业景观的生态设计

大多数观光农业园是在原有农田的基础上发展起来的，而原有的农田以生产为主要目的，不能适宜游憩的需要，旧的农田格局逐渐削弱了原有的生态效益。因此，首先，调整农村产业结构，发展国内外市场需要的高价值经济作物，适当减少粮食种植面积，使传统农业向高效农业发展，从而增加农民收入，实现农业现代化。其次，强化果树、蔬菜和花卉等观赏性强的产业，建立具有较高生态稳定性和景观多样性的景观。总之，在土地利用、生物资源、时间资源（如发展冬季农业）等方面综合开发利用资源，达到高产优质高效，还农田以原始的生态景观结构，发展健全的自然面貌和相对稳定协调平衡的生态环境，从而构成农业景观生态环境的基础。

（一）丰富植物群落的季相构图

保持一定的乡土特色，增加植物种类以丰富景观，调整落叶、常绿植物的比例，增添并丰富其植物种群和其他观赏植物，如：色叶植物、观赏果树等。根据种植景观的特点，在全面考虑季相构图的同时，在局部可突出一个季节的特色，形成鲜明的景观效果，如北京妙峰山的玫瑰、大兴的西瓜等，使农业景观趋于游憩的需要。

（二）突出农业植被边缘景观效应

农田、道路两侧或与其他景观交接的边缘地带，简称"田缘线"。田缘线是游人最直接的观赏部分，对农业景观质量有显著影响。在游览的过程中，应加强空间的多样性，使游人既可感受到闭锁的近景，又有透视的远景。全部用多层的垂直郁闭景观布满道路或田缘，会使游人在视线上感受到闭塞、单调，易引起心理上的疲劳。因此，在道路的两侧及农田的边缘，一般应保持一定的水平郁闭度，为游人提供良好的庇荫条件，形成浓郁的乡村气氛。但注意垂直郁闭度应小一些，其中二层或三层可透视的林分结构占 2/3 左右，多层郁闭的结构在 1/3 以下，使游人的视线可通过林冠线下的空隙透视深远的景观，避免封闭游人的视线。观赏价值较高的花灌木、自然式的草本花丛及地被植物层的高度一般应在视线以下，使林下的空间深度在风景艺术上具有独特的价值。

（三）加强观光农业剩余空间的景观营造

农田空地及荒地是观赏周围景观的最佳位置，因此注意田缘线和田冠线（即植被顶面轮廓线）应多变。首先，田缘线以原有地形为主，避免僵硬的几何或直线条，田冠线高低起伏错落，才能形成良好的景观外貌。其次，剩余空间的尺度适当是十分重要的，尺度过大会使景观质量受到损害，过小景观的开朗性表现不出来。再次，在剩余空间的边缘，应适当保留孤立木和树丛，使其自然向田野过渡。较大面积的草地上，可保留或栽种适量的遮阴树，为游人提供必要的遮阴。在重点地段，可栽种一些观赏性较高的花灌木，或不同季节观赏的缀花草坪。其中荒地最好开发为文娱活动区、服务区或道路，既可避免减少可耕作土地，又有效利用了闲置的土地。

二、林业景观的生态设计

结合林业生产上的各个环节，使景观的人工设计做到功利和美的统一。根据林业景观的特征，设计要从大处着手，营造宏观景观特色，即大地景观。这类森林景观创造的方法包括以下几方面内容。

（一）带状景观

带状景观包括道路、山脊和河流的景观设计。为利于林木生长发育，林区中多采用等株、行距规则式的栽植，但形式比较呆板。因此，可在靠近林道的两侧和交叉路口，随地形起伏、蜿蜒的山脊和河流等处，以自然的形式布置风景树群或孤植树，使游人视线所及的环境自然活泼。林中的道路在满足交通、运输功能要求的同时，应以自由流动大曲率的线型为好，随树群迂回曲折，并途经林区主要景点；铺装就地取材，与自然环境相协调；注意沿路应创造美的林相，植物应尽量有所变化，形成较为丰富而稳定的植物群落结构。

（二）森林生态景观的营造

由于生产上的要求，林区树种的选择和配置是有限度的。混交林比纯林具有材质好、生长快、适应性强、景观良好的特点。因此，大力营造混交林应根据不同树种的习性，使其构成互补、互助的稳定生态景观，如松和山毛榉、松和枫或槭树、松和白桦等。而防护林的营造应结合农业景观的建设，除坚持适地适树、防护功能的原则外，还应注意林相的四季景观效果。为满足游人观赏的需要，重点需进行林缘线的美化，形成层次丰富、色彩绚丽、四季有景可观的森林彩带。除去路旁和拐角处有碍视线的树木，选择生长力强，花、果、叶、枝有较高观赏价值的树种。特别注意至少要构成老龄、中龄、幼龄三个龄级；树种上有针叶树、阔叶树、大乔木、小乔木、灌木、花卉、地被等。注意布局要自然，竖向上层次错落，平面疏密结合，避免规整种植。大小树群应交错配置，避免散生，混交平均分配以及带状混交形成呆板景观；主调鲜明，形式自然生动，风景效果好。

（三）森林的生态保护

创造适宜游览休息、舒适清洁的环境，使人们有良好的生理和心理环境。加强废弃物残枝、树叶、树上悬挂物等的处理；砍伐有序、伐根短小；及时清运、保护留存的林木；防治病虫害等。森林抚育和持续林业建设也应结合美的创造，如打枝不能太重，以免影响树行和树势，道路边上不能打枝，要使林木保持郁闭，而择伐、间伐、小林分采伐、补植、更新等应结合风景透视线的开辟，保存好的林分、树群，形成疏林草地或孤植树、草地和森林封闭与开敞的对比。森林中的动物景观吸引力极强，应禁止捕杀，保持相对稳定的物种数量；禁止乱砍滥伐，保持相对稳定的环境，并为动物提供良好的庇护和活动场所；栽植和保存丰富的饲料植物，保证动物的正常生命活动。另外，应注意防止人为的破坏，减少对环境的干扰，一般不进行人工景观的建设，严禁乱砍滥伐和狩猎，保持原有的风貌。开展旅游的森林，应进行规划设计，严格控制游人的数量，有组织地开展旅游，防治环境污染和资源的破坏。

三、牧业景观的生态设计

草原和草地景观应与林地交错分布，利于观赏，同时使斑块分布均匀，牧草生长茂盛，合理的生态结构，为牧业的发展提供充足的饲料。在牧业景观中，动物是农业景观中的重要组成部分。在保证生产的前提下，对动物合理的利用，将会给观光农业园游憩活动增添许多情趣。目前，对动物资源非消费性利用的趋势在逐步增加，以观赏、保护、研究为主要宗旨，加强保护动物的宣传和教育。在观光农业园中，动物景观的最大特点是观赏位置的不定性，不像其他景观相对静止易于观赏。为提高动物的数量，增加其在游憩过程中被观赏到的几率，可以通过人工的方法，对动物的生境加以改善，使动物景观更好地被人们所观赏。如在林中开辟空地，适当开挖人工湖，保护水源并提供鱼类和动物的生存的场所，并丰富自然景观；在道路两侧设立保护带，避免人为的干扰；林中保留不同树龄的植被；适当种植阔叶树、针叶树，在林中的空地边缘可增种一些浆果类的乔、灌木，如银杏、榛树、冬青、梅、桃、女贞等，保证动物的越冬和隐蔽的场所、充足的食物来源；人工建立巢穴。人工喂养、引进动物要特别注意分析动物所需要的生境及可能对生态环境造成的影响，制订相应的管理措施。

四、渔业景观的生态设计

渔业是大农业的重要组成部分，渔业景观包括海洋、滩涂、内陆水域、低洼荒地等和作为渔业生产对象的水生生物。观光渔业是结合生产、生活、生态的渔业，在以池塘养殖为主的地区，应提高集约化程度，调整产业结构，发展名、特、优、新品，形成自然稳定的生态渔业景观。开展网箱养殖、网围养殖和网拦养殖，大力发展我国特色的水稻养殖，既可提高效益，又可提高生产能力，增加观赏性。人们对水景具有与生俱来的亲近感，因此渔业景观是农业景观中最具吸引力的景观。在积极开发渔业资源的同时，应大力进行生态景观建设。利用渔业的设备、空间、经营活动场所、生态、自然环境及人文环境资源，让人们认识渔业与体验渔村的生活，展现乡土特色，发挥观光功能，特别是可利用特殊的地形地貌如溪谷、山涧、海岸等；特殊的景致，如晨曦、日落、云海等自然景象；特殊的动植物、生物资源如鱼类、鸟类、蝴蝶、昆虫等。还可与历史文化、乡土特色、民俗活动结合，提高游客参与的兴致。

五、综合型农业景观的生态设计

目前许多新型观光农业的景观设计具有综合特性，特别是大型的观光农业景观设计，其自身地域特征的复杂性和丰富程度，要求景观设计以最大限度发挥观光农业的综合效益为目标，充分利用园址现状一切有利的建园要素，扬长避短，随势设景，因地制宜，合理布局，生产、科教与观光游览相结合，强调植物造景，提高园林景点、设施与环境的融合度，强化园区的自然属性。尤其突出以展现生态、人文、历史遗迹等特征，以观光游憩为模式的景观设计，它是一种以自然环境为资源基础的旅游活动，也是具有强烈环境保护意识的一种游憩开发方式，具有自然体验、环境教育和生态环境补偿三种模式。综合型农业景观是对乡村自然、人文景观资源等的综合开发模式，是对乡村自然、人文生态特征与环境的可持续利用，是生态旅游模式、现代乡村景观规划和新兴农业经营模式三者的高度统一。

第五节　日本种植业景观的生态设计

种植业景观的生态设计成功的案例不多，本节仅以日本稻田生态系统观光农业设计为展示，希望对我国种植业景观的生态设计有所启发。

由东京向北 900 多公里就是日本最北端的青森县的田舍馆村，一个有 2000 年种植水稻历史的古老小村子。从 1993 年以来，村子每年都要举办一次"稻田艺术节"，吸引了来自日本各地乃至全球的游客到村庄一览巨幅稻田图画。

为了达到最好的视觉效果，田舍馆村的农民们从每年 4 月准备种植水稻的时候就开始忙活了。他们会事先设计好当年要表现的图形，然后在稻田里种植不同品种、有着不同颜色叶子的水稻，从而在稻田里"绘"出各种各样的图画（本节图均引自网络）。

图 10 - 1　拿破仑和 RPG 游戏《斩断空云》中的忍者

（引自 http：//www.chinabaike.com/z/tour/2010/1210/10855.html）

图 10 - 2　多啦 A 梦和瓢虫

（引自 http：//zhanhuaruxue.blog.163.com/blog/static/18768215620116303432 2676）

图 10 – 3   水稻品种多样性的充分利用

（引自 http：//bbs. local. 163. com/bbs/localguizhou/309684899. html）

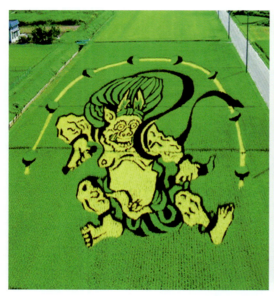

图 10 – 4   丰富季象变化，延长观光期 1

（引自 http：//bbs. local. 163. com/bbs/localguizhou/309684899. html）

图 10 – 5 丰富季象变化，延长观光期 2

（引自 http：//ccunn. blog. sohu. com/124312722. html）

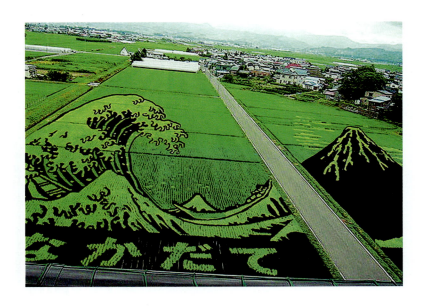

图 10 - 6　丰富季象变化，延长观光期 3

（引自 http：//www. chinadaily. com. cn/dfpd/retu/2011 - 08/06/content_ 13063567. htm）

参考文献

韦伟，秦华. 观光农业的景观生态设计探讨［EB/OL］.［2010 - 04 - 15］.
http：//www. qiyeku. com/news/699765html.